W0259948

Von demselben Verfasser erschien früher:

Das
Skizzieren von Maschinenteilen
in Perspektive.

Von

Carl Volk,
Ingenieur.

Mit 54 in den Text gedruckten Skizzen.

In Leinwand gebunden Preis M. 1,40.

Entwerfen und Herstellen.

Eine Anleitung zum graphischen Berechnen der Bearbeitungszeit von Maschinenteilen.

Von

Ingenieur **Carl Volk**.

Mit 18 Skizzen, 4 Figuren und 2 Tafeln.

Berlin.

Verlag von Julius Springer.

1905.

Softcover reprint of the hardcover 1st edition 1905

ISBN 978-3-642-90502-5 ISBN 978-3-642-92359-3 (eBook)
DOI 10.1007/978-3-642-92359-3

Druck von Friedrich Stollberg in Merseburg.

Vorwort.

Zweck und Ziel der vorliegenden Arbeit erörtert die Einleitung.

An dieser Stelle möchte ich mir nur gestatten, bestens für das gütige Entgegenkommen zu danken, das ich bei einer Reihe von Firmen gefunden habe.

Zu gleichem Danke bin ich allen jenen Ingenieuren und Betriebsbeamten verpflichtet, die mich durch freundliche Ratschläge oder wertvolle Mitarbeit unterstützt haben.

Gleichzeitig richte ich an die verehrten Fachgenossen die ergebene Bitte, mir durch sachliche Kritik den weiteren Ausbau dieses Buches und die Beseitigung von Unvollkommenheiten zu ermöglichen.

Cöln a. Rh. (Marienburg), Sommer 1905.

C. Volk.

Inhalt.

Literatur.

A. Ballewski, Der Fabrikbetrieb. Berlin 1905.

Christ. Cremer, Durchschnittspreise für Akkordarbeiten in Maschinenfabriken. Duisburg 1903.

H. Haeder, Kalkulieren von Maschinen und Maschinenteilen. Duisburg 1901.

A. Messerschmidt, Die Kalkulation im Maschinenwesen. Essen 1903.

Rich. Schulze, Grundlagen für das Veranschlagen der Löhne usw. Berlin 1891.

M. Chr. Elsner, Die Berechnung der Lohnkosten in der Fabrik von L. Loewe. Z. 1904.

Georg J. Erlacher, Briefe eines Betriebsleiters. Hannover 1903.

Grimshaw-Elfes, Praktische Erfahrungen im Maschinenbau. Berlin 1897.

O. Lasche, Schnelldrehstahl. Bericht des vom Berliner Bezirks-Verein D. Ing. gebildeten Ausschusses. Z. 1901.

Paul Möller, Aus der amerikanischen Werkstattpraxis. Berlin 1904. (Erweiterter Sonderabdruck aus Z.-V. D. Ing.)

Fr. Ruppert, Aufgaben und Fortschritte des Deutschen Werkzeugmaschinenbaues. Z.-V. D. Ing. 1901—1905.

G. Schlesinger, Das Messen in der Werkstatt und die Herstellung austauschbarer Teile. Z. 1903. — Hobeln und Fräsen. — Die Passungen im Maschinenbau. Z. 1904.

Otto Thallner, Werkzeugstahl. Freiberg 1904.

John F. Usher, Moderne Arbeitsmethoden im Maschinenbau. Berlin 1896.

American Machinist 1900, June 21.; 1900, September 20. usw. usw.

Preislisten und Druckschriften der Firmen:

Werkzeugmaschinenfabrik Brune, Köln-Ehrenfeld.

Elsässische Maschinenbau-Gesellsch. Grafenstaden.

A.-G. De Fries & Cie., Düsseldorf.

Leipziger Werkzeugmaschinenfabrik A.-G. vorm. W. v. Pittler.

Ludwig Löwe & Cie., A.-G. Berlin.

Maschinenfabrik Lorenz, Ettlingen, Baden.

Mayer und Schmidt, Schmirgelwerk und Schleifmaschinenfabrik, Offenbach a. M.

Deutsche Niles-Werkzeugmaschinenfabrik, Berlin.

J. E. Reinecker, Chemnitz-Gablenz.

Ernst Schiess, Düsseldorf.

Schuchardt und Schütte.

Preislisten und Druckschriften der Stahlwerke:

Bismarckhütte, Oberschlesien.

A.-G. Gebrüder Böhler.

Friedrich Krupp.

Poldihütte.

Einleitung.

Die Forderung, daß der Zeichensaal einer maschinentechnischen Schule sich nicht allzusehr vom Konstruktionsbureau einer Maschinenfabrik unterscheiden soll, läßt sich, so berechtigt sie ist, nur schwer verwirklichen.

Bedingen schon die inneren Unterschiede — Lernen und Versuchen auf der einen Seite, Ausüben und Schaffen auf der anderen — auch abweichende Ergebnisse, so wird in der Schule die persönliche Verantwortung für die Sachlichkeit und Richtigkeit des Entwurfes weniger lebhaft empfunden, so fehlt vor allem die Möglichkeit, an der ausgeführten Maschine die Raumvorstellung und das Gefühl für die Form zu stärken und in der Werkstätte den Zusammenhang zwischen „Entwerfen" und „Herstellen" zu erfassen.

Um die Formvorstellung zu kräftigen und das Verständnis für die technologische und wirtschaftliche Seite der Konstruktionstätigkeit zu wecken, muß die Schule daher zu Mitteln greifen, die in der Praxis nicht oder nicht in diesem Umfange üblich sind. Hierher gehören: Skizzieren nach Modell, freies Entwerfen perspektivischer Skizzen, Aufstellen von Bearbeitungsplänen und Berechnen der Herstellungszeit.

Über die erwähnten Skizzen ist manches in meinem Buche: „Das Skizzieren von Maschinenteilen in Perspektive" zu finden, von der Kalkulation oder dem Veranschlagen handelt diese Arbeit. Dabei denke ich weder an das Vorausbestimmen des Verkaufspreises, noch an das Feststellen des Akkordes oder Prämiensatzes, sondern an jenes Veranschlagen, das den angehenden Konstrukteur befähigt, den von ihm entworfenen Maschinenteil durch die Werkstätten zu verfolgen, und das ihn vor fehlerhaften, schwer oder gar nicht bearbeitbaren Formen bewahrt.

„Berechnen und Konstruieren" einerseits und „Herstellen" andererseits sind zwar räumlich und zeitlich getrennte Begriffe, haben aber nebeneinander Geltung und nebeneinander bestimmenden Einfluß auf Abmessung und Gestalt der Einzelteile.

Die Entwicklung der Werkzeugmaschinen, das Streben, die Lohnkosten zu verringern, und der allmähliche Übergang zur Massenerzeugung zwingen den Konstrukteur jetzt mehr als früher, gerade die Herstellung zu beachten, und es ist Aufgabe der Schule, diesem Zug der Zeit gerecht zu werden. Die Schule kann freilich nicht lehren, wie die Bearbeitung erfolgen soll — das ist Sache der Werkstättenausbildung —, aber sie kann im Studierenden die Erinnerung an seine praktische Tätigkeit wach erhalten und ihn zum Verwerten seiner Erfahrungen anleiten.

Es ist überhaupt anzustreben, daß die vor der Schulzeit mitten im Fabrikbetrieb verbrachten Jahre von größerem und dauernderem Nutzen sind. Vielleicht wird man über kurz oder lang dazu übergehen, den Zusammenhang zwischen der Schule und ihren künftigen Schülern enger zu knüpfen; vielleicht wird man da und dort zur Ansicht kommen, daß das Aufstellen von Bearbeitungsplänen, das Berechnen und Feststellen der Herstellungszeit usw. eines der besten Mittel wäre, die Praktikanten und Volontäre zum schärferen Beobachten, zum Abwägen und Vergleichen, zum technisch richtigen Sehen und Erfassen anzuhalten. Auch jene Werkmeisterschulen, deren vornehmste Aufgabe es sein wird, die aus der Werkstätte kommenden Schüler wieder der Werkstätte zuzuführen, werden das Zeichnen fast ganz durch Skizzieren und Kalkulieren von Maschinenteilen ersetzen, unter eingehender Berücksichtigung des Bearbeitungsvorganges und der Werkzeuge.

Erwägungen solcher Art dürften es rechtfertigen, wenn ich die Zahl der Bücher über Kalkulation durch diese kleine Arbeit vermehre, die der heutigen Vielgestaltigkeit möglichst Rechnung trägt, den Zusammenhang zwischen Entwerfen und Herstellen schärfer betont und vielleicht beim Konstruktions-Unterricht dem Lehrenden die schwierige Aufgabe erleichtert, im Lernenden das Gefühl zu stärken, daß seine Entwürfe nicht für die Zeichenebene und für die Zeichenstube bestimmt sind, sondern für den Raum und die Werkstätte.

Die Bearbeitungszeit.

Die gesamte Zeit zur mechanischen Bearbeitung der Guß- und Schmiedeteile setzt sich zusammen aus der eigentlichen Bearbeitungszeit und dem Zeitaufwand für die Nebenarbeiten, also für Anzeichnen, Aufspannen, Umspannen, Messen, Abnehmen und Wegschaffen des Arbeitsstückes, für Einstellen und Steuern der Werkzeugmaschine, für Anstellen, Austauschen und Nachschleifen des Werkzeuges usw.

Die wahrscheinliche Dauer dieser „Nebenarbeiten" läßt sich — eine genügende Kenntnis des Werkstättenbetriebes vorausgesetzt — entweder unmittelbar abschätzen oder durch Vergleich mit ähnlichen Arbeiten feststellen;[1]) die „Bearbeitungszeit" kann aus Schnittgeschwindigkeit und Vorschub (Schaltbewegung, Zuschiebung, Fortrückung, Nachzug) gerechnet werden. Sie werde vorerst für das Langdrehen ermittelt.

Hat ein Arbeitsstück an der Schnittstelle den Durchmesser a mm und macht es in einer Minute n Umdrehungen, so ist die Umfangsgeschwindigkeit an der Schnittstelle oder die Schnittgeschwindigkeit $c = \frac{\pi a n}{60}$ mm in 1 Sekunde.

Ist der Vorschub $= s$, d. h. legt das Werkzeug bei jeder Umdrehung s mm in der Schaltrichtung zurück, so wird in 1 Minute ein Stück von der Länge $n \,.\, s$ mm abgedreht. Ein Stück von 1 mm Länge wird also in $\frac{1}{n \,.\, s}$ Minuten $= \frac{1}{60 \,.\, n \,.\, s}$ Stunden fertig werden.

Ersetzt man n durch $\frac{60\,c}{\pi a}$, so erhält man die Bearbeitungszeit für je 1 mm Länge mit $\frac{\pi \,.\, a}{60 \,.\, 60 \,.\, s \,.\, c} = \frac{\pi}{3600} \cdot \frac{a}{s\,c}$ Stunden.

Für i mm Länge beträgt sie $i \cdot \frac{\pi}{3600} \cdot \frac{a}{s \,.\, c}$ Stunden.

---

[1]) Das Abschätzen der Nebenarbeiten wird dem Anfänger nur gelingen, wenn er einen Arbeitsplan aufstellt, bestimmte Werkzeugmaschinen voraussetzt und nun die Tätigkeit des Drehers, Hoblers usw. im Geiste genau verfolgt. Einigen Anhalt bieten die Beispiele dieses Buches. Die Zeit für die Nebenarbeiten und namentlich die Zeit zum Herstellen von „Passungen" hängt übrigens wesentlich von der Geschicklichkeit des Arbeiters ab.

Diese Gleichung gilt auch für Ausbohren und Zylinderbohren, ferner für Lochbohren, Plandrehen, Fräsen, Rundschleifen, Gewindeschneiden, Langlochbohren usw.

Beim Lochbohren ist a der Durchmesser des Bohrers, c die Schnittgeschwindigkeit am Bohrerumfang, i die Lochtiefe.

Beim Plandrehen, also beim Abdrehen von Scheiben und Ringflächen, ist c keine konstante Größe, sondern nimmt, gleiches n vorausgesetzt, mit wachsendem Drehdurchmesser zu. Beim Abdrehen sehr breiter Flächen oder voller Scheiben wird der Arbeiter die Umdrehungszahl n mehrmals ändern, so daß man hier mit einem mittleren c und einem mittleren Durchmesser a rechnet, während man bei schmalen Ringflächen für a am einfachsten den äußeren Durchmesser einsetzt und unter c die größte Schnittgeschwindigkeit versteht. Der Weg i in der Schaltrichtung ist gleich der Ringbreite.

Beim Fräsen ist a der Durchmesser des Fräsers, c die Schnittgeschwindigkeit am Fräserumfang, s der Vorschub bei einer Umdrehung des Fräsers und i die Länge der zu fräsenden Fläche oder — beim Rundfräsen — ihr Umfang. (Beim Fräsen erhält man die Bearbeitungszeit in Minuten rascher aus der Beziehung $\frac{i}{S}$, wobei S den Vorschub in einer Minute bedeutet.)

Beim Rundschleifen ist a der Durchmesser des Arbeitsstückes, c seine Umfangsgeschwindigkeit, s seine Längsverschiebung bei einer Umdrehung und i die zu schleifende Länge.[1])

Beim Langlochbohren ist a die Breite der Nut oder der Durchmesser des Bohrers, c seine Umfangsgeschwindigkeit, s sein Vorschub in der Längsrichtung der Nut (bei einer Umdrehung) und i die Länge eines Hubes.

Beim Gewindeschneiden ist a der Gewindedurchmesser, s die Steigung oder Ganghöhe, i die Gewindelänge.

Die Bedeutung der einzelnen Buchstaben ergibt sich auch aus Skizze 1.

Für Hobeln und Stoßen ist zu beachten, daß die Geschwindigkeit während der Arbeitsbewegung oder Schnittbewegung im allgemeinen kleiner ist als beim leeren Rücklauf. Auch ist bei manchen Stoßmaschinen die Geschwindigkeit in der Mitte des Hubes größer als an

[1]) Man kann auch unter a den Durchmesser der Schmirgelscheibe, unter c ihre Umfangsgeschwindigkeit und unter s die relative Längsverschiebung zwischen Arbeitsstück und Schleifscheibe bei einer Umdrehung der Schleifscheibe verstehen.

den Enden oder das Verhältnis m der Vorgangsgeschwindigkeit c_v zur Rücklaufgeschwindigkeit c_r mit der Hublänge veränderlich.

Sind c_v und c_r konstante Werte oder Mittelwerte, so wird — einen Tischhub oder Stichelweg von a mm vorausgesetzt[1]) — der Vorgang $\frac{a}{c_v}$, der Rückgang $\frac{a}{c_r}$ Sekunden währen, somit ein Schnitt

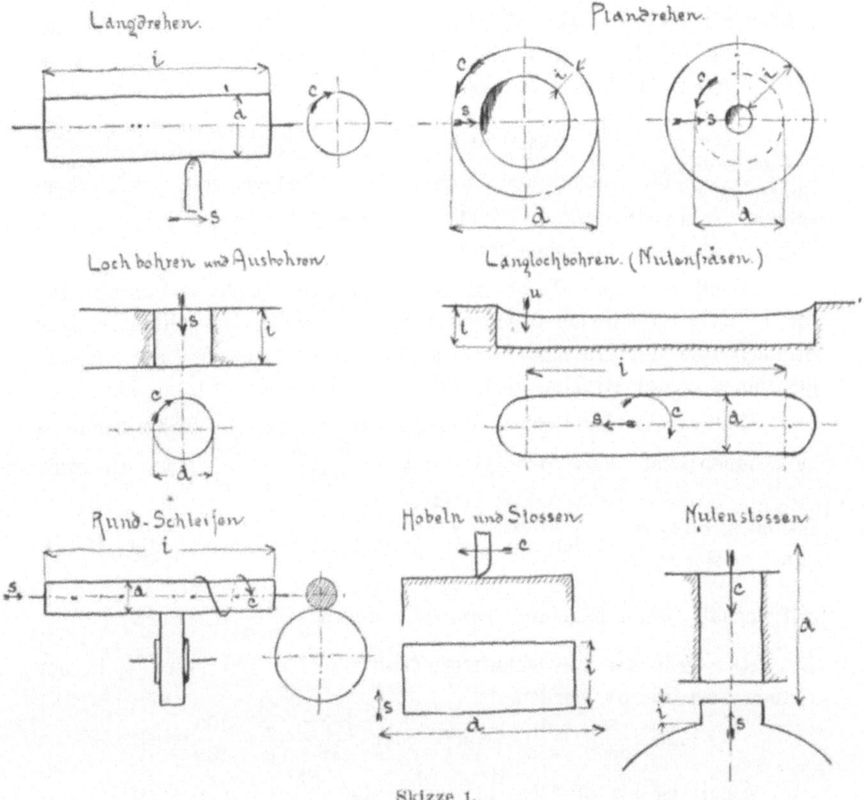

Skizze 1.

in $a\left(\frac{1}{c_v}+\frac{1}{c_r}\right)=\frac{a}{c_v}\left(1+\frac{c_v}{c_r}\right)=\frac{a}{c_v}(1+m)$ Sekunden vollendet sein. Eine Fläche von i mm Breite wird (bei s mm Vorschub bei jedem

[1]) Der Tischhub oder Stichelweg ist um 20—200 mm größer als die Schnittlänge. Der letzte Wert gilt für große, ältere Maschinen mit langsamer Steuerwirkung und für unbequeme Handhabung der Hubverstellung.

Doppelhub) $\frac{i}{s} \cdot \frac{a}{c_v}(1+m)$ Sekunden oder $i \cdot \frac{(1+m)}{3600} \cdot \frac{a}{s \,.\, c_v}$ Stunden er- erfordern.

Dabei ist $m = \frac{c_v}{c_r}$, also $= {}^1/_2, {}^1/_3, {}^1/_4$ usw., falls der Rücklauf 2, 3 oder 4 mal so schnell erfolgt als der Vorgang.

Ist die Bewegung des Stahles eine ungleichförmige, wie bei Stoßmaschinen mit Kurbelantrieb, so ist die maximale Schnittgeschwindigkeit größer als der Mittelwert c_v, was bei Wahl von c_v zu berücksichtigen ist. Hingegen kann man wohl meist außer acht lassen, daß m z. B. beim Antrieb durch schwingende Kurbelschleife mit a veränderlich ist.

Die Ausdrücke $\frac{\pi}{3600} \cdot \frac{a}{s \,.\, c}$ für Drehen, Bohren usw. und $\frac{1+m}{3600} \cdot \frac{a}{s \,.\, c_v}$ für Hobeln und Stoßen können bequem mit dem Rechenschieber ermittelt werden. Noch rascher erhält man das Ergebnis mit Hilfe einer logarithmischen Rechentafel (Tafel I).[1])

Doch gibt diese Tafel die Bearbeitungszeit nicht in Stunden und für 1 mm Länge in der Schaltrichtung an, sondern in zehntausendstel Stunden und für 10 mm Schaltlänge, so daß man es nie mit Logarithmen echter Brüche, also mit negativen Größen zu tun hat.

Um ferner für Drehen und Hobeln die gleiche Tafel benutzen zu können, ist statt des Ausdruckes $\frac{1+m}{3600} \cdot \frac{a}{s \,.\, c_v}$ der Ausdruck $\frac{1+m}{\pi} \cdot \frac{\pi}{3600} \cdot \frac{a}{s \,.\, c_v}$ oder $\frac{\frac{\pi}{3600} \cdot \frac{a}{s \,.\, c_v}}{\frac{\pi}{1+m}}$ gesetzt, so daß man die „Hobelzeit" erhält, wenn man die „Drehzeit" durch $\frac{\pi}{1+m}$ dividiert.

Die Zeit Z — in zehntausendstel Stunden gemessen —, in der 10 mm abgedreht werden, ist

$$10 \cdot \frac{\pi}{3600} \cdot \frac{a}{s \,.\, c} \cdot 10\,000 \quad \text{oder} \quad \frac{100\,\pi}{36} \cdot \frac{a}{c} \cdot \frac{100}{10\,s}.$$

Somit ist $\log Z = \log \frac{100\,\pi}{36} \cdot \frac{a}{c} + \log \frac{100}{10\,s}$.

Dieser Ausdruck läßt sich sehr einfach zeichnerisch darstellen. Trägt man, vielleicht mit Hilfe des Rechenschiebers, in horizontaler Richtung die Logarithmen von a auf, also log 20, log 30, log 40 usw., ferner für $c = 50$ mm, 100 mm, 200 mm in 1 Sek., bei $a = 100$ und $a = 1000$ in vertikaler Richtung die Werte $\log \frac{100\,\pi}{36} \cdot \frac{a}{c}$ und verbindet

[1]) Um Tafel I herausnehmen und auf Pappe kleben zu können, ist sie auf Hanfpapier gedruckt, das sich beim Aufspannen nicht verzieht.

die zu gleichen Geschwindigkeiten c gehörigen Punkte, so erhält man eine Reihe schräger, unter 45° geneigter Linien, die „c"-Linien.

Nach unten sind die Werte $\log \frac{100}{10s}$ für $s = 1$, 2, 3 mm usw. abgetragen, wodurch horizontale Linien, die „s"-Linien entstehen.

Nimmt man z. B. bei $a = 400$ mm den lotrechten Abstand der s-Linie für $s = 2$ mm und der c-Linie für $c = 75$ mm in den Zirkel, so entspricht diesem Abstande Z' offenbar der Logarithmus von Z, da

$$Z' = \log \frac{100\pi}{36} \cdot \frac{a}{c} + \log \frac{100}{10s}.$$

Mißt man die Länge Z' am Maßstab I, so erhält man die Zeit, die erforderlich ist, um an einem Zylinder von 400 mm Durchmesser bei einer Schnittgeschwindigkeit von 75 mm in 1 Sek. und einem Vorschub von 2 mm ein Stück von 10 mm Länge zu drehen. Sie beträgt ungefähr 0,023 Stunden.

Ist die Drehlänge nicht 10 mm, sondern z. B. $i = 130$ mm, so muß man zu $\log Z$ noch log 13 hinzuzählen. Man setze also die eine Zirkelspitze bei 130 mm ein, und zwar an jener Teilung, die für die Abmessungen i in der Schaltrichtung bestimmt ist. Am anderen Zirkelende kann man dann 0,3 Stunden als Bearbeitungszeit ablesen.

Für größere Werte von a beachte man, daß bei $a = 2000$ mm die Arbeit unter sonst gleichen Umständen 10 mal so lange dauert als für $a = 200$ mm. Um Irrungen zu vermeiden, ist aber für diese größeren Werte von a ein eigener Maßstab II vorhanden. Die „s"-Linien sind nur bis $s = 0{,}7$ mm angegeben. Ist der Vorschub z. B. 0,3 mm, so benutze man die Linien für $s = 3$ mm und multipliziere die hierfür geltende Zeit mit 10. (Ist $a < 1000$, kann man in diesem Falle auch sofort Maßstab II benutzen, dessen man sich auch bedient, wenn $i > 1000$. Mit Maßstab I wird man nur selten arbeiten.)

Für Hobel- und Stoßarbeit ist, wie früher nachgewiesen wurde, die Drehzeit durch $\frac{\pi}{1+m}$ zu dividieren, d. h. es ist von

$$\log \frac{100\pi}{36} \cdot \frac{a}{c} + \log \frac{100}{10s}$$

der Logarithmus von $\frac{\pi}{1+m}$ abzuziehen.

In der Tafel I sind die Strecken h' angegeben, die für $m = 1/2$, $1/3$, $1/4$ und $1/5$, also für doppelte, dreifache, vierfache und fünffache Rücklaufgeschwindigkeit den Werten von $\log \frac{\pi}{1+m}$ entsprechen.

Soll die Zeit berechnet werden, die erforderlich ist, um bei 400 mm Tischhub, 75 mm Schnittgeschwindigkeit, doppelt so großer Rücklaufgeschwindigkeit und 2 mm Vorschub eine Fläche von $i = 130$ mm

Breite abzuhobeln, so nehme man bei $a = 400$ den lotrechten Abstand der betreffenden „c"- und „s"-Linie in den Zirkel, ziehe von dieser Strecke Z' die Strecke h' für $m = 1/2$ ab, setze den Zirkel, der nun um $Z' - h'$ geöffnet ist, mit der einen Spitze bei $i = 130$ ein und lese am anderen Ende $\sim 0{,}15$ Stunden als Zeitaufwand ab.

Im oberen Teil der Tafel ist eine Reihe horizontaler Linien derart gezogen, daß sie die Zahl n der minutlichen Umdrehungen angeben, die bei einem bestimmten a zu einem bestimmten c gehört.

Um die „n"-Linien zu erhalten, wurde senkrecht nach oben $\log \frac{100\pi}{36} \cdot \frac{a}{c}$ aufgetragen, oder — c durch $\frac{\pi . a . n}{60}$ ersetzt —

$$\log \frac{100 . \pi}{36} \cdot \frac{a . 60}{\pi . a . n} = \log \frac{1000}{6n}.$$

Zieht man daher für $n = 1, 2, 3, 4$ usw. horizontale Linien im Abstande $\log \frac{1000}{6n}$ von der Grundlinie, so sieht man sofort, daß bei $a = 400$ und $c = 75$ die Umdrehungszahl n ungefähr 3,7 ist und z. B. zu $a = 300$ und $n = 10$ ein c von ~ 150 mm gehört.[1])

Ebenso kann man die Zahl der Doppelhübe entnehmen, die beim Hobeln einer bestimmten Schnittgeschwindigkeit c und einer bestimmten Hublänge a entspricht. Nur liegt beim Hobeln der zum „c"-Wert gehörige „n"-Wert um h' tiefer als der Schnittpunkt der c-Linie mit der Lotrechten durch den Endpunkt von a. Bei einer Hublänge von 400 mm muß also bei $c = 75$ und $m = 1/2$ die Zahl der Doppelhübe ungefähr 7,8 betragen, bei $a = 300$, $n = 10$ und $m = 1/2$ ist die Schnittgeschwindigkeit ~ 75 mm in 1 Sek.

Manchesmal wird die Werkzeugmaschine, auf der gewisse Arbeiten auszuführen sind, genau bekannt sein. Viele Werkstätten verfügen nur über eine große Zylinderbohrmaschine, eine Leitspindeldrehbank von 500 mm Spitzenhöhe usw., so daß größere Stücke nur diesen Maschinen zugewiesen werden können.

Auch durch andere Gründe kann die Bank, die zum Bearbeiten bestimmter Maschinenteile dient, genau bekannt sein, so daß man weiß, welche Umdrehungszahlen n und welche Vorschübe s sie gestattet.

Es seien z. B. für eine Leitspindeldrehbank von 450 mm Spitzenhöhe die möglichen n der Reihe nach:

2,5 — 3,75 — 5,5 — 8 — 10 — 15 — 22 — 32 — 50
75 — 110 — 160

[1]) Die Tafel geht nur bis $n = 130$, doch lassen sich auch größere Werte ablesen, da bei $n = 250$ und $a = 40$ die Schnittgeschwindigkeit zehnmal so groß ist als bei $n = 25$, also ~ 500 mm beträgt.

und die möglichen Vorschübe s:

$$0{,}6 - 1{,}2 - 1{,}7 - 2{,}4 - 3{,}4 - 6{,}8.$$

Man könnte selbstverständlich alle Arbeiten, die dieser Bank zugewiesen werden, genügend genau mit Tafel I ermitteln, doch erhält man einen besseren Einblick in die Leistungsfähigkeit der betreffenden Werkzeugmaschine, wenn man dafür eine besondere Tafel II entwirft.

Bei den n-Linien sind auch die Nummern *I*, *II*, *III* und *IV* der einzelnen Stufen angegeben, das Rädervorgelege übersetzt ins Langsame, und zwar im Verhältnis 1 : 4 und 1 : 20.

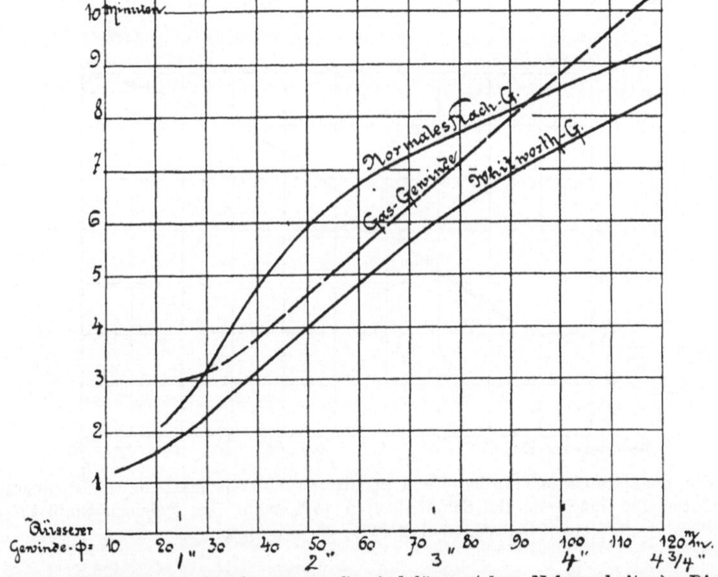

Fig. 1. Zeitaufwand für je 25 mm Gewindelänge (ohne Nebenarbeiten). Die Zeiten gelten für Schmiedeeisen. Bei hartem Stahl dauert das Gewindeschneiden doppelt so lange, bei Rotguß halb so lange.

Soll eine Stahlwelle von 300 mm Durchmesser mit $s = 1{,}2$ mm und $c = 75$—100 mm geschruppt werden, so sind für je 10 mm Länge 0,026 Stunden[1]) erforderlich, also ~ 3 Stunden bei 1200 mm Länge.[2]) Die Umdrehungszahl beträgt 5,5 (Stufe II, 20 fache Übersetzung). Bei Schnelldrehstahl mit $c = 200$—250 mm ist der Zeitaufwand für einen Schruppschnitt nur 1,1 Stunden.

---

[1]) Abgelesen am Maßstabe *I* der Tafel I.

[2]) Maßstab *II*. $i = 120$.

Die Tafel I kann, wie erwähnt, auch benutzt werden, um den Zeitaufwand für Gewindeschneiden, Lochbohren, Langlochbohren, Zahnräderfräsen usw. zu ermitteln. Kommen aber für diese Arbeiten bestimmte Maschinen in Betracht, deren Leistungsfähigkeit durch eine Reihe von Messungen festgestellt wurde, so kann man die Bearbeitungszeit noch rascher in Tabellen aufsuchen oder aus einer Zeichnung entnehmen.

So gibt die Fig. 1 die Zeiten an, die erforderlich waren, um Witworth-Gewinde, Gas- und Flachgewinde auf einer Drehbank zu schneiden. Die Werte gelten für einen geschickten Arbeiter, nur für das Gewindeschneiden, ohne Einspannen, ohne Vordrehen und ohne Einstellen der

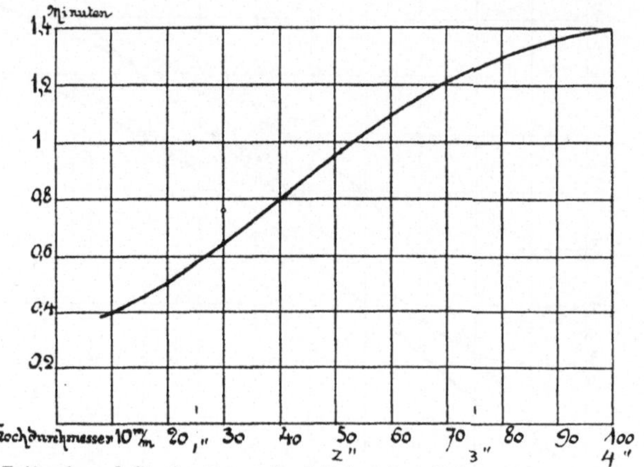

Fig. 2. Zeitaufwand für je 10 mm Lochtiefe (ohne Nebenarbeiten). Die Werte gelten für Gußeisen. Bei Schmiedeeisen 15 % mehr, bei weichem Stahl 25 % mehr, bei Messing 30 % weniger.

Bank, so daß ein entsprechender Zuschlag zu machen ist, namentlich wenn ein einzelnes Gewinde zu schneiden ist. Ist eine Schraube von gleichem Durchmesser, aber anderer Steigung zu schneiden, so kann man näherungsweise annehmen, daß für eine Schraube von doppelt so großer Steigung nur die halbe Zeit erforderlich ist, falls nicht wegen der größeren Gewindetiefe die Zahl der Schnitte vermehrt werden muß.

Aus Fig. 2 kann die Zeit zum Bohren entnommen werden, aus Fig. 3 die Zeit zum Langlochbohren und Nutenfräsen.

In den Fig. 1 und 2 ist die den stufenweise zunehmenden „*n*“ und „*s*“ entsprechende stufenförmige Linie durch einen stetigen Linienzug ersetzt.

Der Fig. 3 liegen folgende Voraussetzungen zugrunde:[1])

Durchmesser des Bohrers „a“	Umdrehungszahl „n“	Vorschub „s“	Nachstellung in Richtung der Nutentiefe „u“
Bis 10 mm	300	0,12 mm	0,25 mm
10—20 mm	165	0,18 mm	0,5 mm
20—30 mm	125	0,24 mm	0,75 mm
30—40 mm	85	0,36 mm	0,75 mm

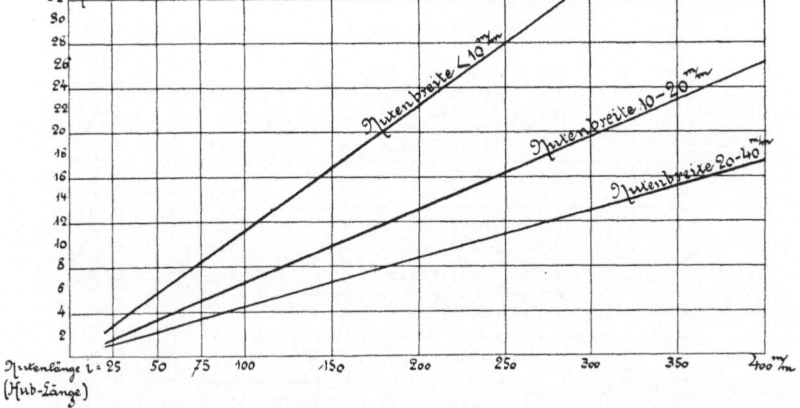

Fig. 3. Langlochbohren (Nutenfräsen). Zeitaufwand für je 1 mm Nutentiefe.

Die horizontale und vertikale Schaltung findet dabei durch Schraubenspindeln statt; der Zeitaufwand für die Tiefenschaltung ist in Fig. 3 nicht berücksichtigt.

Sollen Bearbeitungszeiten ohne Verwendung von Logarithmen, also auch ohne Rechenschieber ermittelt werden, so kann dies durch ein in Fig. 4 dargestelltes zeichnerisches Verfahren geschehen, das die Drehzeit in Minuten für 10 mm Länge in der Schaltrichtung, also den Wert $10 \cdot \frac{\pi}{60} \cdot \frac{a}{c \cdot s}$ angibt.

Der Ausdruck ist in $\frac{10\pi}{30} \cdot \frac{a}{c}$ und $\frac{1}{2s}$ zerlegt.

[1]) Vergl. Skizze 1.

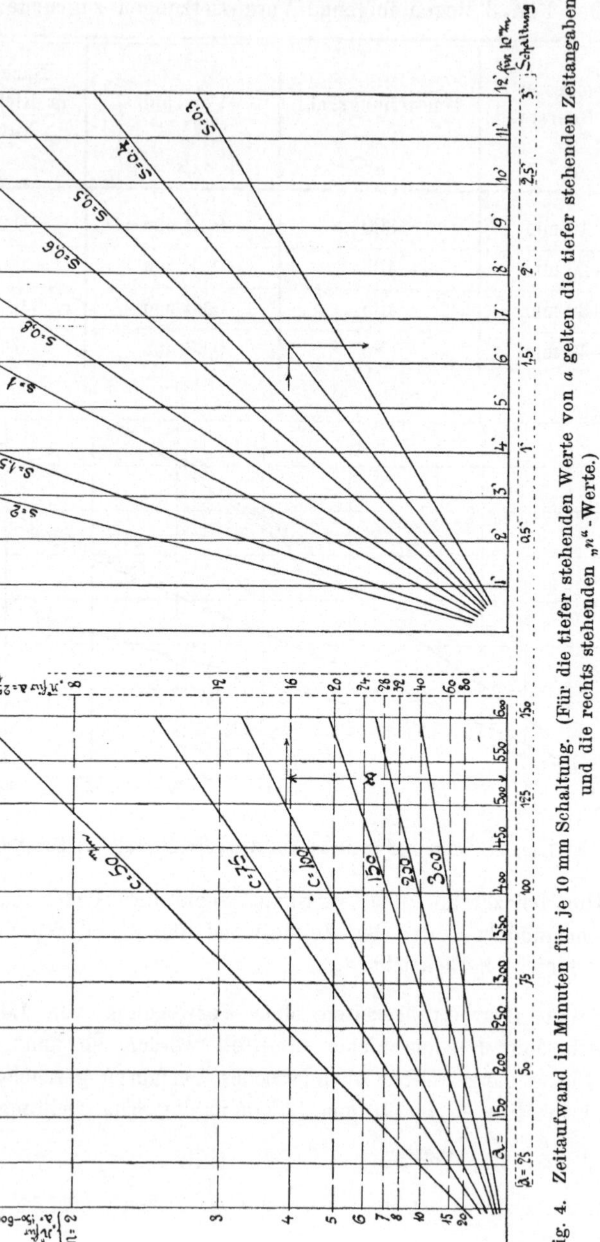

Fig. 4. Zeitaufwand in Minuten für je 10 mm Schaltung. (Für die tiefer stehenden Werte von *a* gelten die tiefer stehenden Zeitangaben und die rechts stehenden „*n*"-Werte.)

Die Punkte der c-Linien haben von der Grundlinie den Abstand $z = \frac{10\pi}{30} \cdot \frac{a}{c}$.

Dieser Abstand muß noch mit $\frac{1}{2s}$, also mit $\frac{1}{2.0{,}5}$, $\frac{1}{2.1}$, $\frac{1}{2.2}$ multipliziert werden, was zeichnerisch durch Verhältniswinkel geschieht, die z im Verhältnis 1 : 1, 1 : 2, 1 : 4 verkleinern.

Fährt man mit dem Zirkel, dessen Spitzen um z voneinander abstehen, horizontal nach rechts, bis die obere Spitze die betreffende s-Linie erreicht, so gibt die senkrecht darunter liegende Spitze den zugehörigen Zeitaufwand an.

Bei $a = 500$, $c = 100$ und $s = 0{,}4$ ist die Bearbeitungszeit $\sim$ 6,4 Minuten für 10 mm Schaltlänge.

Die „n"-Linien haben von der Grundlinie den Abstand

$$\frac{10\pi}{30} \cdot \frac{a}{c} = \frac{10\pi}{30} \cdot \frac{a}{\frac{a\pi . n}{60}} = \frac{20}{n}.$$

Soll nach diesem Verfahren gerechnet werden, so wird es sich empfehlen, zwei Figuren zu zeichnen, wovon die eine für kleinere Abmessungen, vielleicht für $a = 0$—200 mm, die andere für $a = 200$—2000 eingerichtet ist.

Bei Ermittelung von Hobel- und Stoßarbeiten sind die Zeiten noch mit $\frac{1+m}{\pi}$ zu multiplizieren, was ebenfalls graphisch erfolgen kann.

Zahl der Schnitte.

Die Ausdrücke $i \cdot \frac{\pi}{3600} \cdot \frac{a}{s \cdot c}$, $i \cdot \frac{1+m}{3600} \cdot \frac{a}{s \cdot c_v}$ usw. geben den Zeitaufwand für einen Schnitt an.

Beim Drehen, Ausbohren, Hobeln und Stoßen genügt in vielen Fällen ein Schrupp- und ein Schlichtschnitt. Ein einziger Schnitt mit kleinem Vorschub wird ausreichen, wenn die Zugabe für die Bearbeitung sehr gering war (nach Metallmodellen gegossene Armaturteile usw.) und die Bearbeitung nicht auf genaues Maß erfolgen muß. Zwei Schruppschnitte werden erforderlich, wenn viel Material wegzuschaffen ist oder die Spanstärke nicht sehr groß genommen werden kann; mehrere Schlichtschnitte wird man ausführen, wenn sehr glatte Flächen herzustellen sind oder genaues Maß einzuhalten ist.

Als Vollendungsarbeiten kommen in Frage: Nachschlichten, Breitschlichten, Schmirgeln, Rundschleifen und das Nacharbeiten mit der Feile. Da die Feile gedrehte Flächen zwar glatt aber unrund macht, verschwindet sie immer mehr aus der modernen Werkstatt. Das Breitschlichten wird mit federndem Stahl vorgenommen, der eine breite Schneide besitzt und nur einen ganz feinen Span nimmt, wobei für c und s ziemlich große Werte zugelassen werden können. Für größere Genauigkeit, austauschbare Teile usw. kommt in erster Linie das Rundschleifen in Betracht.

Die Faktoren, die für die Zahl der Schnitte maßgebend sind, können also in folgenden Punkten zusammengefaßt werden:

1. Oberflächenbeschaffenheit des Werkstückes — (Gußhaut, Schmiedehaut, Blasen, Riefen, Sandeinschlüsse usw.).
2. Zugabe für die Bearbeitung oder — beim Drehen aus dem Vollen — die wegzuschaffende Materialstärke (Herstellen des rohen Werkstückes durch Gießen mit oder ohne Modell, durch Schmieden, Ziehen, Pressen, Gesenkarbeit usw.).
3. Genauigkeit der Bearbeitung (zusammenpassende Teile, austauschbare Teile, Wellen und Bohrungen mit laufendem oder festem Sitz usw.).
4. Art und Beschaffenheit der Werkzeuge und der Werkzeugmaschine, Art der Aufspannung, sowie Form und Festigkeit des

Werkstückes, wovon die Spanhöhe und die Arbeitsgenauigkeit abhängen.

Beim **Lochbohren** genügt ein Schnitt, dem häufig ein Ausreiben oder Aufsternen folgt.

Bei größeren Bohrungen aus dem Vollen wird zuerst vorgebohrt und dann mit Messer und Bohrstange oder mit Bohrringen fertig gebohrt. Sind vorgegossene Löcher in Riemenscheiben, Lageraugen usw. auf genau gleiches Maß aufzubohren, so ist die Reihenfolge der Arbeiten vielleicht die folgende: Vorbohren mit dem Bohrmeißel oder mit Messer und Bohrstange, Aufbohren mit dem Senker, Nachreiben mit der Reibahle und Bohrung genau auf Maß bringen mit der verstellbaren Reibahle.

Beim **Langlochbohren** erhält man aus der Tafel I für eine Nutenbreite a, eine Schnittgeschwindigkeit c, einen Vorschub s und eine Hublänge i den Zeitaufwand für *eine* Längsbewegung des Bohrers. Für $a = 22$, $c = 150$, $s = 0{,}2$ und $i = 80$ mm beträgt er 0,05 Stunden.

Ist die Nutentiefe t und die Nachstellung in Richtung der Tiefe $= u$, so sind $\frac{t}{u}$ Hin- und Hergänge erforderlich; für $t = 80$ und $u = 0{,}9$ wäre daher die Herstellungszeit der erwähnten Nut $= 0{,}05 \cdot \frac{80}{0{,}9} =$ $= 4{,}4$ Stunden.[1])

Beim **Rundschleifen**, also beim Schleifen einer Welle, eines Bolzens usw. vom Durchmesser a, von der Umfangsgeschwindigkeit c, vom Vorschub s und der Länge i muß die aus diesen Werten ermittelte Zeit für eine Längsbewegung noch mit der Anzahl dieser Hin- und Herbewegungen multipliziert werden, also mit $\frac{t}{u}$, falls eine Materialstärke von t mm wegzuschleifen ist und die Zustellung der Schmirgelscheibe gegen das Arbeitsstück jedesmal u mm beträgt.

Soll z. B. eine vorgedrehte gehärtete Stahlwelle von $a = 16$ mm Durchmesser über die ganze Länge $i = 430$ mm geschliffen werden, ist ihre Umdrehungszahl $n = 250$, also $c = 200$ mm, ferner $s = 1$ mm, $t = 0{,}2$ mm und $u = 0{,}02$ mm, so ist die Dauer eines Schliffes $=$ $= 0{,}03$ Stunden.[2]) Die Dauer der ganzen Schleifarbeit beträgt 0,3 Std., da $\frac{t}{u} = \frac{0{,}2}{0{,}02} = 10$ ist, also 5 Hin- und 5 Hergänge erforderlich sind.

---

[1]) Dabei ist angenommen, daß die Tiefenschaltung *während* der Längsbewegung stattfindet, bezw. ist der Zeitaufwand für die vertikale Nachstellung nicht berücksichtigt.

[2]) Entnommen aus Tafel I, Maßstab I mit $a = 160$ und $i = 43$.

Schnittgeschwindigkeit und Vorschub.

Die in den nachfolgenden Beispielen angegebenen Geschwindigkeiten in der Haupt- und Schaltrichtung sind meist durch unmittelbare Messung festgestellt worden. Diese Zahlen geben also keineswegs die günstigsten oder die höchst zulässigen Werte an, sondern sind Beobachtungsgrößen, die unter bestimmten Verhältnissen in bestimmten Werkstätten zur Anwendung kommen.

Als günstigste Geschwindigkeit müßte man jene bezeichnen, die die Herstellung eines Maschinenteiles bei genügender Genauigkeit mit den geringsten Kosten ermöglichen würde, unter Kosten die Ausgaben für Lohn, für Verzinsung, Tilgung, Erhaltung und Antrieb der Werkzeugmaschine, für Werkzeugstahl und Werkzeugschleifen verstanden.

Die Feststellung dieser günstigsten Werte durch den Versuch ist von Fall zu Fall und bei Massenerzeugung zwar möglich, aber selbst dann nicht leicht, da allzuviele Umstände (Geschicklichkeit und guter Wille des Arbeiters, Rücksicht auf die Bedienung mehrerer Werkzeugmaschinen, Qualität des Stahles, Härte und Gestalt seiner Schneide, Konstruktion und Starrheit der Werkzeugmaschine, Art der Aufspannung, Oberflächenbeschaffenheit und Bearbeitbarkeit des Werkstückes, seine Form, sein Gewicht usw.) von Einfluß sind und vielfach ein Maßstab für die gewünschte Genauigkeit fehlt.

Die Mannigfaltigkeit dieser Verhältnisse wurde durch den Bau neuartiger Werkzeugmaschinen, durch die Einführung von Stahlsorten, die große Schnittgeschwindigkeit gestatten, durch Anwendung von Breitschlichten, Naßdrehen, Fertigschleifen usw. derart vermehrt, daß die Aufstellung allgemeiner Regeln unmöglich ist.

Die Tabelle auf S. 17 bringt einige Angaben über c und s. Es kann als Bestätigung des eben Gesagten gelten, daß die Tabellenwerte häufig nicht mit den Beobachtungswerten übereinstimmen, die den Beispielen zugrunde liegen.

I. Schnittgeschwindigkeit[1]) und Vorschub[1]) bei gewöhnlichem Betrieb.

	Drehen nach „Hütte“	Drehen nach „Güldner“	Drehen nach „Uhland“	Zylinderbohren	Ausbohren	Lochbohren (für größere Durchmesser)	Hobeln	Stoßen	Fräsen
Hartguß . . .	c = 30–50 mm in 1 Sek.	$c_1 = 25—50$ $c_2 = 25—50$	$c_1 = 10—30$ c_2 bis 50	Geschwindigkeit ~ $^2/_3$ der beim Drehen angegebenen Werte.	$c = 5—10$	$c = 7—14$	Schnittgeschwindigkeit 90—120 mm; der kleine Wert gilt für größere Maschinen.	$c = 30—50$	—
Stahl (hart) .	c = 60 mm (Spanstärke bis 4 mm)	$c_1 = 40—60$ $c_2 = 80—150$	$c_1 = 40—100$ c_2 bis 180		$c = 20—30$	$c = 30—50$		$c = 60—100$	—
Guß-Eisen . .	$c = 80—120$ (Spanstärke bis 10)	$c_1 = 75—90$ $c_2 = 120—150$	$c_1 = 50—100$ c_2 bis 150		$c = 45—60$	$c = 60—70$		$c = 130—170$	c bis 250
Schmiede-Eisen, weicher Stahl	$c = 90—150$ (Spanstärke bis 7)	$c_1 = 100—125$ $c_2 = 150—180$	$c_1 = 90—120$ c_2 bis 180		$c = 60—70$	$c = 80—160$		$c = 150—175$	c bis 300
Rotguß . . .	$c = 200—300$ (Spanstärke bis 3)	$c_1 = 200—250$ $c_2 = 275—300$	c_1 bis 200 c_2 bis 240		$c = 90—150$	$c = 100—175$		$c = 180—220$	c bis 500
Vorschub . .	s_1 bis 1,5 s_2 bis 5 mm bei einer Umdrehung	$s = 0{,}25—2$	$s = 0{,}2—1{,}5$	s_1 bis 1,5 s_2 bis 10	$s_1 = 0{,}1—1$ s_2 bis 6	$s = 0{,}1—0{,}5$	$s_1 = 0{,}2—3$ s_2 bis 10	$s = 0{,}2—3$	$s = 0{,}1—3$ mm bei 1 Umdrehung[2]) $S = 5—200$ mm in 1 Minute[2])

[1]) c_1 und s_1 gelten für Schruppen, c_2 und s_2 für Schlichten. Die großen Werte von s_2 beziehen sich auf Breitschlichten.

[2]) Die kleinen Werte gelten für breiten, tiefen Schnitt, Profilarbeit, hartes Material. Die großen Werte gelten für schmalen, schwächeren Schnitt, gerade Flächen, weiches Material und sehr kräftige Maschinen.

Ia. Schnittgeschwindigkeiten für Morse-Spiralbohrer.[1])

Lochdurchmesser:	8	16	24	32	40	50	60	70 mm
Schmiede-Eisen u. Stahl	125	120	100	95	90	80	75	80 mm in 1 Sek.
Guß-Eisen	180	175	160	150	140	125	120	130 mm in 1 Sek.
Messing	270	265	250	240	235	230	225	235 mm in 1 Sek.

[1]) Vergl. Fig. 2, der geringere, ungünstigere Werte von c entsprechen.

IIa. Schnelldrehstahl. Allgemeine Angaben.

(Schnittgeschwindigkeiten in Meter pro Minute.)

	„Poldihütte“	„Gebr. Böhler“	„Bismarkhütte“	„Krupp“
Graues Guß-Eisen . (je nach Härte)	c = 8—30 m	c = 4—28 m	c = 8—30 m	—
Schmiede-Eisen . .	c = 33—50 m [k < 40 kg]	c = 45—55 m [k < 35]	c = 30—40 m [k = 40]	—
Weicher Stahl . .	c = 23—33 m [k = 50—40]	c = 25—35 m [k = 45—40]	—	12—15 m [k = 50—40][1])
Mittelharter Stahl .	c = 17—23 m [k = 60—50]	c = 12—18 m [k = 55—50]	c = 16—25 m [k = 60]	c = 6—9 m [k = 60—70][2])
Harter Stahl . . .	c = 9—12 m [k = 80—70]	c = 4—5 m [k = 100—85]	c = 4—10 m [k = 90]	—
Die Werte gelten für: Spanstärke . .	5 mm	4,8 mm	—	15—30 mm[1]) 10—20 „ [2])
Vorschub . . .	1,5 mm	1,8 mm	—	2,5 mm[1]) 1,5 „ [2])
Drehdauer . .	1 Stunde	—	—	mehrere Stunden
Oberflächenbeschaffenheit	Material ohne Haut	—	—	Stahl roh geschmiedet

Die eingeklammerten Werte „k“ sind die Zerreißfestigkeit in Kilogramm für 1 qmm. Die Zerreißfestigkeit bietet übrigens keinen Maßstab für die „Bearbeitungsfähigkeit“. Zu deren Feststellung dürften vielleicht „Härtebohrmaschinen“ geeignet sein, wobei man die Lochtiefe bestimmt, bis zu der ein Bohrer bei bestimmter Belastung und bestimmter Umdrehungszahl eindringt.

[1]) [2]) Zusammengehörige Werte.

IIb. Schnittgeschwindigkeiten für Spiralbohrer aus Schnelldrehstahl. (Nach Ludwig Loewe.)

Maschinenstahl, Guß-Eisen, Schmiede-Eisen $c = 22$ m in 1 Minute.
Messing . . . . $c = 44$ „ „ 1 „

$s = 0{,}3$—$0{,}5$ mm.

IIc. Schnittgeschwindigkeiten für Fräser aus Schnelldrehstahl.

(Nach Ludwig Loewe.)

Guß-Eisen . . . . $c = 25$—38 m.
Schmiede-Eisen . . . . $c = 45$—60 „
Stahl . . . . $c = 30$—40 „
Messing . . . . $c = 60$—75 „

III. Betriebsergebnisse mit Schnelldrehstahl.

Arbeit	Festigkeit. kg/qmm	Schnittgeschw. mm/Sek.	Vorschub. mm	Spanstärke oder Spanbreite. mm	Arbeitsdauer ohne Nachschleifen. Stunden	Nach Angaben von
Eisenbahnachsen drehen	55	175	1,1	6	68 für 2 Meißel	Krupp
Nickelstahl-Panzerplatten hobeln	80—90	90	1,2	70	50	Krupp
Gußeisernes Rohr, Gußhaut abdrehen		240	1,07	8	2	Poldihütte
Schwungrad, Gußhaut abdrehen		200	2,3	9—16		Krupp

Beispiele.

Die nachfolgenden Beispiele enthalten teils unmittelbare Beobachtungswerte, teils Werte, die durch den Vergleich mit ähnlichen Ausführungen gewonnen sind. Die Beispiele entsprechen nicht immer mustergültigen noch durchschnittlichen Verhältnissen und sind vielfach so gewählt, daß die Konstruktion oder die Bearbeitung zu Bemerkungen Anlaß gibt. Die berechneten Zeiten sind Mindestwerte, deren Einhaltung — die angenommenen Arbeitsgeschwindigkeiten vorausgesetzt — nur möglich ist, wenn die Herstellung ohne jede Störung erfolgt. Die Art der Rechnung, der Gebrauch der Tafeln, die mannigfachen Abkürzungen und Annäherungen sind Sache der Übung. So sind Abrundungen und Hohlkehlen nur durch einen Zuschlag berücksichtigt, krummlinige Begrenzungen, Eindrehungen und Vorsprünge durch gerade Formen ersetzt (vergl. Sk. 10) usw.

Eine wichtige Frage ist: Wie genau muß gerechnet werden, oder besser gesagt, wie genau darf gerechnet werden?

Genau rechnen heißt nicht, End- und Zwischenwerte auf 4 oder 5 Dezimalstellen ermitteln, sondern heißt, die Ungenauigkeiten der Annahmen erkennen und berücksichtigen.

Wenn auf Grund der Angabe, daß in 1 Minute „durchschnittlich" 21,07 qcm Stahloberfläche vorgedreht werden können, die Zeit zum Schruppen einer Welle bis auf Sekunden berechnet wird, so ist dies nicht genau oder gar unnötig genau, sondern falsch und unrichtig! Wird ein Durchschnittswert, der von den Einzelwerten, aus denen er entstanden ist, um 30 oder 50 v. H. abweicht, auf einen besonderen Fall angewendet, so darf dem Schlußergebnis, das von der Wirklichkeit um Stunden verschieden sein kann, kein Anschein von großer Genauigkeit gegeben werden.

Rechnet man mit allgemeinen Angaben für „c" und „s", so bleibt die Frage offen, ob die Werkzeugmaschine die Einhaltung dieser Werte gestattet. Dazu kommt, daß die Voraussetzungen über die Härte des Materials, die Größe der Bearbeitungszugabe usw. nicht immer erfüllt werden, und daß für den gesamten Zeitaufwand auch die Nebenarbeiten in Betracht kommen, deren Schätzung nicht allein schwierig, sondern

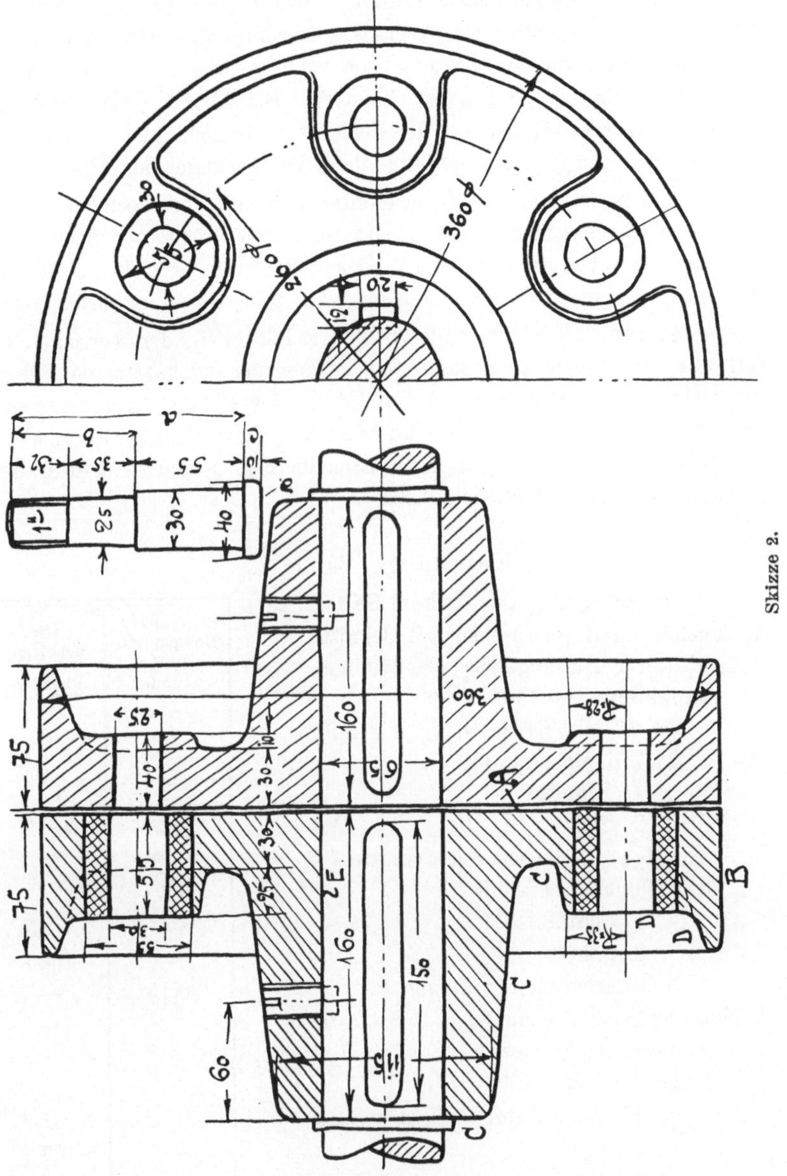

Skizze 2.

unzuverlässig ist. Die Gesamtzeiten können daher meist nur in Stunden und innerhalb weiter Grenzen angegeben werden.

Arbeitsstücke, die wenig Zeit erfordern (vergleiche Sk. 6), können nur dann einigermaßen verläßlich vorkalkuliert werden, wenn die Arbeitsgeschwindigkeiten der Werkzeugmaschine bekannt sind, wenn man den Bearbeitungsvorgang genau verfolgt und wenn es sich im wesentlichen um glatte Flächen handelt. Bei kleinen vielgestaltigen Teilen (vergl. Sk. 15) versagt die Rechnung gänzlich, hier ist nur das Schätzen, das Vergleichen mit ähnlichen Ausführungen am Platze.

Die eben genannten Schwierigkeiten scheinen jenen recht zu geben, die das Vorausbestimmen der Bearbeitungszeit nicht als Sache der Rechnung, sondern nur als Sache der Erfahrung bezeichnen. Dabei wird eines vergessen: auch Erfahrung will gelernt und erworben sein!

Erfahrung ist nichts anderes als die Fähigkeit, den vorliegenden Fall mit den vielen im Schatze der Erinnerung aufbewahrten Fällen vergleichen zu können, und die auf Grund der Erfahrung angegebene Bearbeitungszeit ist ebenfalls ein Rechnungsergebnis, das aber auf Zahlenwerten beruht, die nicht mit ihrem Einzelbetrag, sondern mit ihrer Gesamtwirkung zum Bewußtsein kommen.

Kupplung. Skizze 2.

a) Bearbeitung der linken Hälfte.	Einspannen, Umspannen usw. Stunden	Bearbeiten. Stunden
1. Innenfläche A plandrehen. 2 Schnitte.		
Mittlerer Durchmesser $a \sim 210$ mm,		
Ringbreite $i \sim 150$,		
$c = 75$ mm (Mittelwert), $s = 0{,}9$		
(Taf. I, Maßstab I):		
1. Schnitt	—	0,4
2. Schnitt	—	0,4
2. Außenfläche B drehen. 2 Schnitte.		
$c = 100$ mm, $s = 0{,}9$,		
1. Schnitt	—	0,25
2. Schnitt	—	0,25
Nebenarbeiten für 1. und 2.	0,15	—
3. Nabe außen abdrehen (C). 2 Schnitte.		
Mittlerer Durchmesser ungefähr 140 mm,		
Länge $i \sim 25 + 150 = 175$,		
$c = 75$ mm (Mittelwert), $s = 0{,}9$:		
1. Schnitt	—	0,3
2. Schnitt	—	0,3
zu übertragen:	0,15	1,9

	Stunden	Stunden
Übertrag:	0,15	1,9
4. Rand D und Schraubenangüsse drehen. 3 Schnitte.		
Mittlerer Durchmesser 280, Länge $35 + 55$, $c = 75$ mm (Mittelwert), $s = 0{,}9$:		
3 Schnitte (mit Zuschlag für Fasson)	—	1,1
5. Nabe ausbohren (E). 3 Schnitte.		
$c = 75$ mm, $s = 0{,}9$:		
3 Schnitte (mit Zuschlag für Messen usw.)	—	0,6
6. Flächen B, C, D abschmirgeln	—	0,15
Nebenarbeiten für 3. bis 6.	0,15	—
7. 6 Löcher von 25 mm Durchmesser durch beide Kupplungshälften bohren.		
Lochtiefe 95 mm,		
Bohrzeit 6 . 10 Minuten	—	3 Stund. für beide Hälften
8. In der linken Kupplungshälfte 6 Löcher auf 55 mm ausbohren.		
$c = 75$ mm, $s = 0{,}1$,		
6 . 20 Minuten	—	
12 maliges Einstellen des Werkstückes oder Werkzeuges	0,6	—
9. Keilnut stoßen ($a = 190$, $c = 40$, $s = 0{,}1$, $m = 1$, $i = 10$)	0,3	0,3

Gesamte Bearbeitungszeit für beide Hälften = 12—13 Stunden.

b) Herstellung der Schraubenbolzen auf der Drehbank.[1])

	Stunden	Stunden
3 Schnitte über die Länge a, dann noch 2 Schnitte über die Länge b, je 2 Schnitte für c und d. Am Durchmesser von 40 mm sei die Schnittgeschwindigkeit = 75 mm, das zugehörige n von ∼ 35 werde auch für die anderen Durchmesser beibehalten.		
Mit $s = 0{,}5$ erhält man für alle Arbeiten ohne Gewindeschneiden	—	0,6
An Nebenarbeiten	0,1	—
Abschmirgeln und feilen	—	0,1
Gewindeschneiden (vergl. Fig. 1) . . .	0,05	0,1

Zusammen ∼ 1 Stunde.

1) Auf modernen Revolverdrehbänken vielleicht 3—4 Stück in 1 Stunde.

Bemerkungen: Die Bearbeitungszugaben betragen bei der Kupplung 4—5 mm; der Schraubenbolzen wird von der Stange abgestochen, deren Durchmesser 42 mm beträgt. Es werden von der Länge *a* zuerst 6 mm weggedreht und von der Länge *b* nochmals $2^1/_2$.

Die Schraubenlöcher von 25 mm Durchmesser werden gleichzeitig durch beide Kupplungshälften gebohrt.

Das Abdrehen der Fläche *D* kann auch unterbleiben, dann sind die Oberflächen der Schraubennocken mit dem Zapfen-Senker anzufräsen.

Werden in diesem Falle die Flächen *C* und *D* nicht blank gelassen, sondern mit Anstrich versehen, so kann man einen Schnitt weniger ausführen.

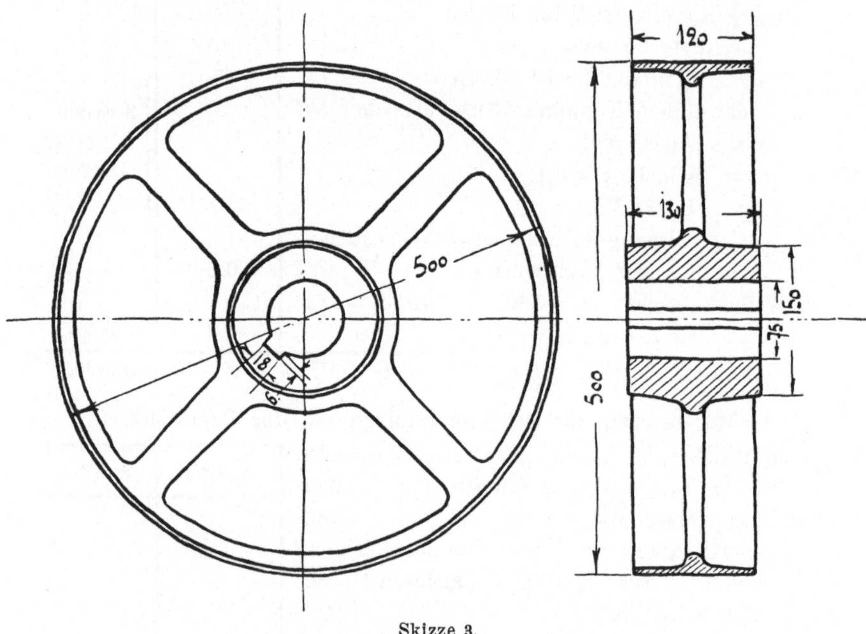

Skizze 3.

Riemenscheibe. Skizze 3.

Die Bohrung und der Kranz sollen einen Schruppschnitt mit $c = 150$ und $s = 0{,}7$ und einen Schlichtschnitt mit $c = 200$ und $s = 0{,}3$ erhalten. Die Seitenflächen der Nabe und die Ränder des Kranzes sollen in einem Schnitt mit $c = 150$ und $s = 0{,}7$ fertiggestellt werden.

Beim Bearbeiten der Keilnut sei $c = 50$, $s = 0{,}1$ und $m = 1$.

	Aufspannen, Umspannen usw. Stunden	Bearbeiten. Stunden
1. Aufspannen, Bohrung ausdrehen	0,25	—
1. Schnitt	—	0,1
2. Schnitt	—	0,15
2. Nabe vorne plandrehen	—	0,05
3. Kranzfläche drehen und vorderen Rand:		
1. Schnitt	—	0,5
2. Schnitt	—	0,8
4. Scheibe umspannen, Rand drehen	0,15	—
und Nabenfläche	—	0,1
5. Scheibe auf Vertikalstoßmaschine spannen.	0,25	—
und Keilnut stoßen	—	0,1
	0,65	1,8

17

Gesamter Zeitaufwand $= 2^1/_2$—3 Stunden (ohne Polieren).

Diese Zeit ist ziemlich knapp und wird sich nicht einhalten lassen, wenn nur eine einzelne Scheibe herzustellen ist. Cremer[1]) gibt bei einer Riemenscheibe von 500 mm Durchmesser den Arbeitslohn mit 2,40 Mk. an, was einem Zeitaufwand von 5—6 Stunden entspricht. Wie sehr aber der berechnete Wert unterschritten werden kann, geht aus den Angaben der Deutschen Niles-Werke hervor, wonach auf zwei Spezialmaschinen (Riemenscheiben-Bohrmaschine mit Revolverkopf und horizontaler Planscheibe[2]) und Riemenscheiben-Dreh- und Polierbank mit 2 Supporten) in 10 Stunden 40 Riemenscheiben von 400 mm Durchmesser und 100 mm Kranzbreite fertiggestellt werden können.

Soll die Kranzfläche ballig gedreht werden, so muß der Support-Oberschlitten entsprechend geführt werden. Vielfach wird statt der balligen Form die leichter herstellbare dachförmige Form ausgeführt. Riemenscheiben, namentlich Randscheiben, sind auch sehr geeignet für Rundfräserei. Die vorgegossene Bohrung wird vielleicht in der auf S. 15 erwähnten Weise auf Maß gebracht, die Nabenflächen abgedreht oder (bei kleineren Bohrungen) mit dem Zapfensenker angeschnitten

[1]) Durchschnittspreise für Akkordarbeiten. 1903.

[2]) Chuking-Maschine.

und der Kranz in 2 oder 3 Schnitten rundgefräst, wobei der minutliche Vorschub 40—60 mm betragen kann.

Eisenbahn-Wagenachse. Skizze 4.

(Material: Martin-Fluß-Stahl.)

Die Achse kommt roh vorgeschruppt in die Werkstätte. Am Lagerhals *E* sind noch 18 mm, am Radsitz *F* $3^1/_2$—4 mm wegzudrehen, am Schaft *B* 1 mm.

Die Schnittgeschwindigkeit sei durchschnittlich 200 mm, nur die beiden 8—9 mm starken Schruppspäne beim Drehen von *E* sollen mit $c = 125$ mm genommen werden. Der Vorschub betrage 0,4 mm.

Findet die Bearbeitung auf einer besonderen Achsendrehbank mit zwei Supporten statt, so wird die Achse vielleicht in 4 Stunden vollendet sein, bei 4 Supporten und größerem *s* in $2^1/_2$—3 Stunden.

	Bearbeitungszeit	
1. Stirnfläche *A* plandrehen und Körner eindrehen, 1 Schnitt	0,1	Stunden.
2. Schaft *B* überdrehen, 1 Schnitt (mit der halben Schaftlänge $i \sim 600$ gerechnet; $s = 4$, Maßstab *II*)	0,8	„
3. Bund *C* und *D* drehen, 2 Schnitte: 2 . 0,1 = . .	0,2	„
4. Lagerhals *E* drehen,[1]) 2 Schruppschnitte: 2 . 0,3 =	0,6	„
1 Schlichtschnitt	0,2	„
5. Radsitz *F* drehen,[1]) 2 Schnitte: 2 . 0,5 = ...	1,0	„
Bearbeitungszeit für die halbe Achse =	2,9	Stunden.
Für die ganze rund	6	„
Für Aufspannen, Abschmirgeln usw.	0,5	„

Motorachse. Skizze 5.

(Material: Stahl. Fertiggewicht 52 kg.)

Die Achse werde aus Rundstahl von 85 mm Durchmesser gedreht.

Von *A*, wo nur 5 mm wegzunehmen sind, soll ein Schrupp- und ein Schlichtspan genommen werden, von *B*, *C* und *D* 2 Schruppschnitte mit $c = 100$—130 mm und $s = 1$ mm und 2 Schlichtschnitte mit $c = 230$—250 mm und $s = 0{,}5$. Bei *E*, *F* und *G* wird von Hand geschaltet. Bei der zur Verfügung stehenden Drehbank kommen für

[1]) In den Zeiten für *E* sind die Hohlkehlen, in den Zeiten für *F* ist der Zeitaufwand für die genaue Maßarbeit (Preß-Sitz!) berücksichtigt.

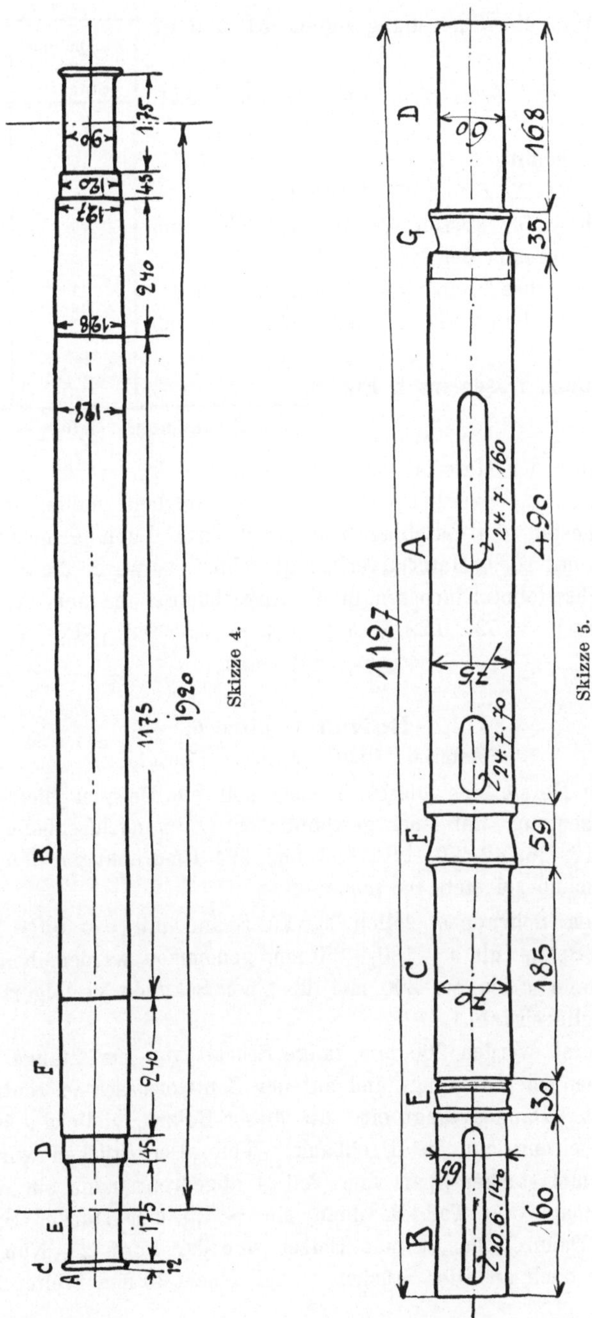

Skizze 4.

Skizze 5.

diese Arbeit die Umdrehungszahlen 31 und 67 in Frage.

	Einspannen usw. Stunden	Bearbeiten Stunden
1. Abstechen, Zentrieren, Anbohren und Aufspannen	1	—
2. *A*: 2 Schnitte	—	0,55
3. *B*, *C*, *D*, *E*, *F* und *G*: 4 Schnitte	—	1,4
Zuschlag für Fasson, Gewindeschneiden und Plandrehen der Endflächen	—	0,7
4. Ganze Achse breitschlichten und schmirgeln, Paß- und Lagerstellen genau auf Kalibermaß arbeiten	—	1,8
5. Keilnuten fräsen (nach Fig. 3)	0,5	1,5
Zusammen	1,5 +	6

Wäre der Materialpreis 22 M. für 100 kg, würde den Akkordsätzen ein Stundenverdienst von 0,6 M. entsprechen, müßte zur Deckung aller Unkosten ein Zuschlag von 180 % zum Lohn gemacht werden und wird mit 10 % Materialverlust gerechnet, so wären die Selbstkosten dieser Achse (ohne Einpassen in die Ankerbüchse und ohne Aufschleifen der Lager) = 52 . 0,22 + 5,2 . 0,22 + 7,5 . 0,6 + 1,8 . 7,5 . 0,6 = = 25,2 Mark.

Bolzen. Skizze 6.

(Material: Stahl von 90 kg Festigkeit.)

Die Herstellung dieses Bolzens soll ein Beispiel bieten für die Massenerzeugung auf einer gewöhnlichen Leitspindeldrehbank, die mit $n = 10$, 16, 26, 42, 70, 112, 182 und 294 Umdrehungen laufen kann. Der Vorschub sei stets 0,3 mm.

Beim Schruppen sollen starke Späne mit $c = 100$—120 mm, schwache Späne mit $c = 130$—150 mm genommen werden, beim Fertigdrehen kann c bis auf 200 mm in einer Sekunde gesteigert werden. — (Schnelldrehstahl.)

Zuerst werden 260 mm lange Stücke von der Stange ($\Phi = 63$) abgestochen oder abgesägt und auf der Zentriermaschine zentriert und angekörnt. Dann gelangt ein Satz dieser Bolzen, vielleicht 50 Stücke, zur Bearbeitung auf die Drehbank. Von allen Stücken wird zuerst ein 10,5 mm starker Span vom Teil *A* abgedreht, dann ein ~ 7,5 mm starker Span vom Teil *B*, dann ein ~ 1,3 mm starker Span vom Teil *C*. Dadurch erhält man Bolzen von der Form 2. Nun wird — der Reihe nach an allen Stücken — mit einem 20 mm breiten Einstechstahl eine Nut zwischen A und C und zwischen B und C hergestellt, dann das Ende von A und B mit Fassonstahl abgerundet (Form 3).

Von A ist nun ein zweiter Schruppspan zu nehmen, worauf das Fertigdrehen der einzelnen Stücke beginnt, wobei der Span nur 0,15 bis 0,25 mm stark ist. Dann folgt das Schmirgeln und Feilen nach Kalibermaß.

Bei der Berechnung des Zeitaufwandes sind die Zeiten in Minuten angegeben und n i c h t in der vorhin erörterten Reihenfolge ermittelt, da dies für die Rechnung unbequem wäre.

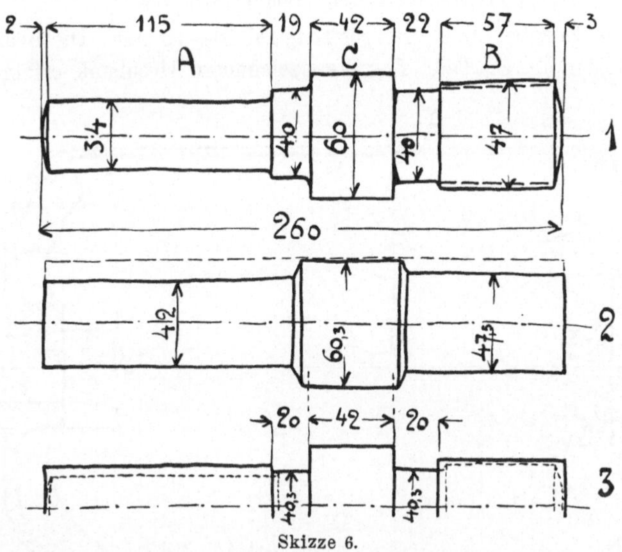

Skizze 6.

1. A zweimal schruppen (1. Schnitt: $n = 42$, $c = 100$; 2. Schnitt: $n = 70$, $c = 110$ mm an der Stahlspitze) . 16 Minuten.
2. B schruppen ($n = 42$, $c = 110$) . . . . 6 „
3. C schruppen ($n = 42$, $c = 130$) . . . . 4 „
4. Zwischen A und C und zwischen C und B einstechen. $n = 42$, s (von Hand) $\sim 0{,}15$ . . . . 3 „
5. Beide Enden abrunden . . . . 4 „
6. Ganzen Bolzen schlichten (schätzungsweise gerechnet mit $a = 50$ mm, $c = 200$,[1]) $s = 0{,}3$ und $i = 260$) . . 10 „
   Zuschlag für die Hohlkehlen . . . . 2 „
7. Feilen und Schmirgeln . . . . 10 „
   Für 10maliges Einspannen und Abnehmen . . 15 „

Zusammen 70 Minuten.

[1]) $n = 70$ und 112.

In dieser Zeit lassen sich die Bolzen natürlich nur herstellen, wenn eine große Anzahl zu liefern ist und der Arbeiter schon eine ziemliche Geschicklichkeit erreicht hat. Der hier geschilderte Arbeitsvorgang, wobei nach jedem Schnitt das Werkstück gewechselt wird, das Werkzeug und die Maschine aber ihre Einstellung beibehalten, wird sich dann empfehlen, wenn viele leichte und bequem einspannbare Stücke von übereinstimmenden Maßen herzustellen sind.

Tauchkolben. Skizze 7.

(Material: Gußeisen. Rohgewicht 515 kg.)

Die Zugabe für die Bearbeitung sei 10—12 mm. Die Bearbeitung soll auf der durch Tafel II gekennzeichneten Drehbank erfolgen. Im

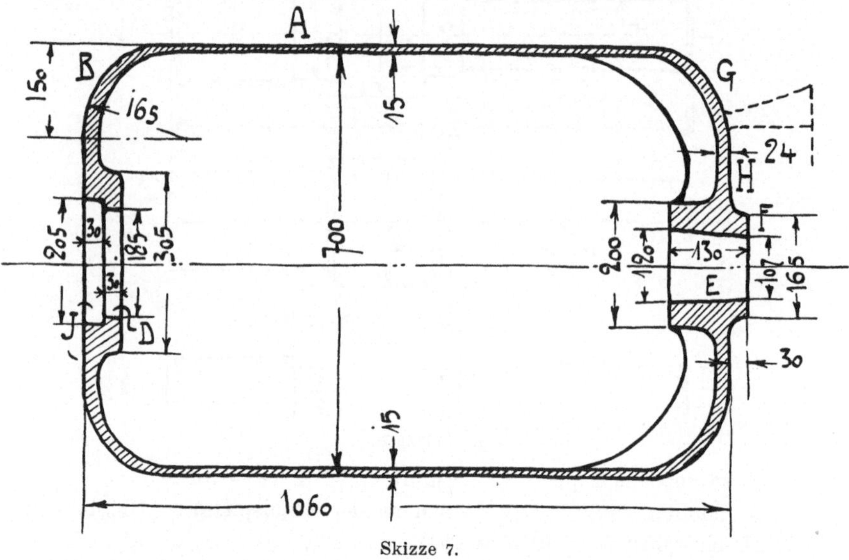

Skizze 7.

allgemeinen sollen 2 Schnitte genommen werden, nur beim Konus und bei der Bohrung D (Herstellung nach Kalibermaß) deren vier. Dabei sei $c = 75$—100 und $s = 0{,}6$, beim Konischdrehen c nur 50—75. Diese geringen Werte sind zum Teil in der wenig günstigen Aufspannung begründet. Die Backen der Planscheibe legen sich von innen gegen J, das rechte Ende des Kolbens stützt sich mit einem in den Konus eingesetzten Stopfen gegen den Reitnagel. Beim Drehen von H, F und E liegt der Kolben rechts nur auf einem Holzlager, ebenso nach dem Umspannen, wenn J und D bearbeitet werden und die Planscheiben-Backen bei G fassen. Bei den Abrundungen B und G erfolgt der Vorschub von Hand.

	Einspannen usw. Stunden	Be- arbeiten. Stunden
1. Einspannen, A, G und H drehen (für A und G: $n=2{,}5$, $a=700$, $i\sim 1000+150$; für H: $a\sim 400$, $i\sim 120$)	1,5	—
2 Schnitte	—	28
Zuschlag für Gußhaut, Abrundung und Hohlkehle	—	2
2. Lager unterlegen, F drehen	0,5	—
2 Schnitte	—	0,2
3. Konus E:		
4 Schnitte: 4 . 0,4 = ...	—	1,6
Zuschlag für Nachmessen usw. . . .	—	0,4
4. Umspannen, B und J bearbeiten ($a\sim 500$, $i=60+150+100+30+10$)	1	—
2 Schnitte	—	5,2
Zuschlag für Abrundung und Eindrehung	—	0,5
5. Bohrung D:		
4 Schnitte (mit Zuschlag)	—	0,8
Zusammen	3	38,7

Zu diesen $\sim$ 42 Stunden kommen noch 5—6 Stunden für Feilen[1]) und Schmirgeln.

Wie erwähnt, sind c und s beim Abdrehen von A sehr gering. Bei kräftigerer Einspannung könnten beim Schruppen die nächst höheren Werte: $s=1{,}2$ und $n=3{,}75$, also $c=135$, beim Schlichten vielleicht $s=0{,}6$ und $n=5{,}5$, also $c=200$ zur Anwendung kommen. Dies würde besondere Einspannvorrichtungen oder vielleicht einen verlorenen ringförmigen Anguß voraussetzen (in Sk. 7 punktiert), den die Backen der Planscheibe fassen können.

Kreuzkopf. Skizze 8.

(Material: Stahlguß.)

Das Drehen erfolge mit c ungefähr $=100$ mm. Der Vorschub betrage bei jenen Flächen, die nur 1 Schnitt erhalten, 0,3 mm, bei jenen, die mehrere Schnitte erhalten, sei s beim letzten Schnitt 0,3 und

[1]) Vergl. S. 14.

bei den früheren 0,6 mm. Von E und H seien 3 gleiche Schnitte zu nehmen. —

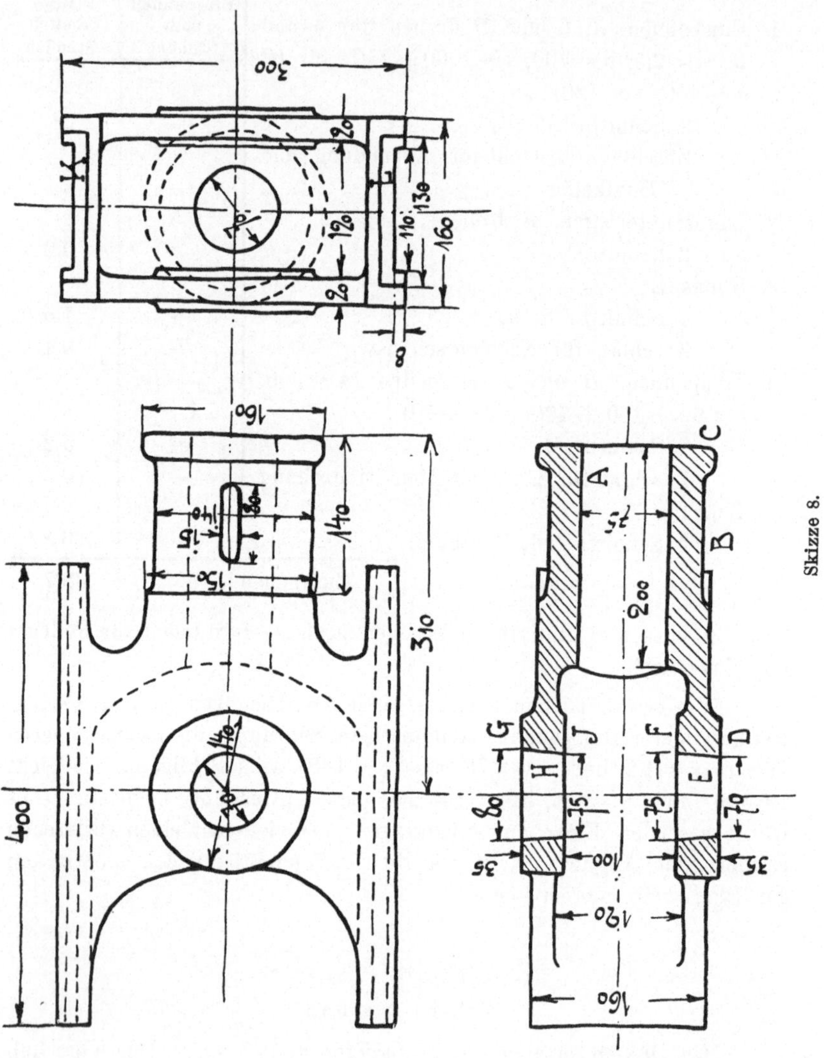

Skizze 8.

Beim Hobeln in Stahl sei $c = 80$, $s = 0{,}3$. Beim Hobeln in Weißmetall $c = 250$, $s = 0{,}8$ beim Schruppen, 0,4 beim Schlichten.

	Aufspannen usw. Stunden	Bearbeiten Stunden
Das Keilloch soll vorgebohrt und mit $c=40$ und $s=0{,}2$ in 2 Schnitten ausgestoßen werden.		
1. Bohrung A:		
3 Schnitte	—	1
2. Hals B und Wulst C ($a \sim 140$, $i \sim 200$):		
2 Schnitte	—	1,2
Zuschlag für Fasson und Abschmirgeln	—	0,6
3. Umspannen, D, E, F und H drehen (D und F erhalten 1 Schnitt, E und H 3 Schnitte mit $c=100$, $s=0{,}3$). $a \sim 100$, $i = 35 + + 6 . 35 + 35$	—	0,8
4. Umspannen, G und J drehen.	—	0,2
Nebenarbeiten während des Drehens	1,5	—
5. Auf Hobelmaschine spannen, K[1]) hobeln ($m={}^1/_2$, $a=450$, $i=160+20+20$):		
1 Schnitt	—	1,5
6. Umspannen, L[1]) hobeln	—	1,5
7. Loch für den Keilschlitz vorbohren (nach Fig. 2)	—	0,25
8. Keilschlitz ausstoßen (Vertikalstoßmaschine mit $m=1$, $a=170$): 2 Schnitte	—	1,8
9. In K und L mit dem Zentrumbohrer einige Löcher bohren, 5 mm tief, und die Flächen mit Weißmetall ausgießen	—	—
10. Weißmetall hobeln, oben und unten ($m={}^1/_2$, $a=450$):		
1. Schnitt	—	1
2. Schnitt	—	0,5
Nebenarbeiten während des Hobelns, Bohrens und Stoßens	1,5	—
	3 +	10,35

Zusammen 14 Stunden.

Kreuzkopf. Skizze 9.

(Körper aus Stahlguß, Rohgewicht 260 kg; Schuhe aus Guß-Eisen, Rohgewicht je 85 kg. Bearbeitungszugabe 5—6 mm, bei den Bohrungen für den Bolzen und die Stange etwas mehr.)

Die Dreharbeit soll unter folgenden Annahmen berechnet werden:

Die Schnittgeschwindigkeit soll im Stahl ~ 50 mm, in Guß-Eisen ~ 75 mm betragen. Der Vorschub sei 0,5 mm.

---

[1]) Oder mit dem Walzen-Stirnfräser Grundfläche und Seitenkanten gleichzeitig bearbeiten.

Im allgemeinen sollen 2 Schnitte genommen werden, bei den Bohrungen 4 und bei der vorderen Seitenfläche, die ganz blank werden soll, 3.

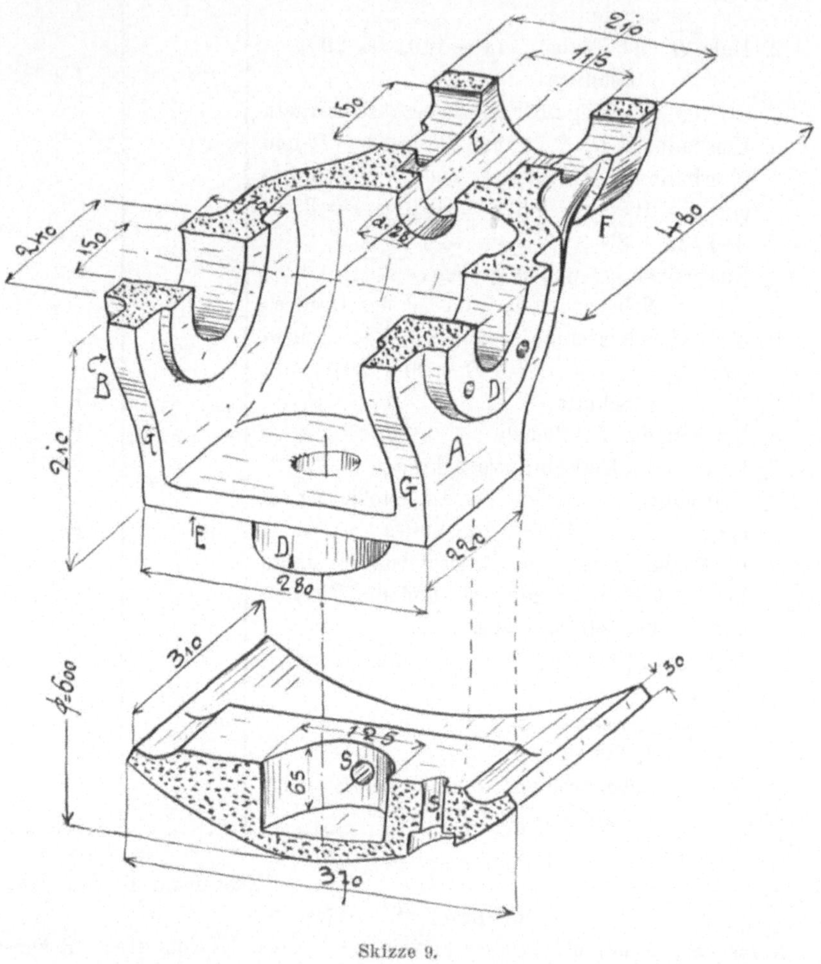

Skizze 9.

Bei der Bank, die zur Bearbeitung dient, sollen die Umdrehungszahlen $n = 2$, 3, 7 und 10 in Betracht kommen.

Die geringere Schnittgeschwindigkeit gegenüber dem vorigen Beispiel ist zum Teil im größeren Vorschub, zum Teil in den größeren Abmessungen und dem erschwerten Aufspannen begründet. Man mache sich durch Skizzen klar, wie diese Aufspannung beim Drehen von *A* und E, beim (schwach konischen) Ausbohren von L, beim Abdrehen der Schuhe usw. vorzunehmen ist.[1])

Beim betriebsfertigen Kreuzkopf sind die Schuhe und der Körper nur durch Schraube s gegeneinander gesichert. Die Schrauben durch s_1 dienen zum Festhalten während des Abdrehens der Schuhe und werden später entfernt. Um das Abdrehen zu erleichtern, werden in manchen Werkstätten die Schuhe unter Verwendung eines Rundsupportes vorgehobelt.

Man erhält für die gesamte Dreharbeit 80—85 Stunden[2]) und kann für das mehrmalige Einspannen, Ausrichten, Auswuchten usw. des Kreuzkopfkörpers und der Schuhe 10—12 Stunden rechnen.

Die Seitenkanten der Schuhe werden mit $c = 80$, $m = {}^1/_2$, $s = 0{,}5$ in 2 Schnitten gehobelt. Bei den Kanten ist $a = 660$, $i = 30$, bei der mittleren Verstärkung $a = 270$, $i = 70$.

Zeitaufwand samt Aufspannen $\sim$ 4 Stunden.

Das Keilloch soll mit dem Spiralbohrer vorgebohrt und auf einer Vertikal-Fräsmaschine fertiggestellt werden. Der Fräser von 33 mm Durchmesser arbeitet mit $c = 125$ mm, $s = 0{,}15$ und schneidet nur beim Vorgang; dann wird zurückgeschaltet und in Richtung der Tiefe um 4 mm nachgestellt.

Mit $i \sim 120$ dauert ein Hingang 0,17 Stunden, und da bei $\sim$ 50 mm Wandstärke auf jeder Seite 13 Hingänge erforderlich sind, dauert die ganze Fräs-Arbeit $\sim 4^1/_2$ Stunden.

Die Kanten G werden unter der Stoßmaschine bearbeitet. c sei 60 mm, der Kreisvorschub 0,6 mm; gegen die Enden zu wird von Hand geschaltet. Mit $m = 1$, $a = 330$ und $i = 450$ währen 2 Schnitte $\sim$ 4,2 Stunden.

Der Kreuzkopf nach Sk. 9 ist außen vollständig bearbeitet. Soll an Herstellungskosten gespart werden, so kann durch andere Form-

[1]) Das Aufspannen wäre wesentlich einfacher und sicherer, wenn zur Bearbeitung eine Drehbank mit horizontaler Planscheibe oder eine Horizontal-Bohrmaschine zur Verfügung stände. Auf dieser könnte die Bohrung L hergestellt werden, falls man sie zylindrisch hält und nur am Ende mit einem kurzen, steilen Konus versieht (Loch a müßte dann statt 28 mm mindestens 60 mm Durchmesser haben), ebenso könnte die Bolzenbohrung erst zylindrisch ausgebohrt und dann mit einem Fassonmesser konisch nachgenommen werden und die Bearbeitung von D, A und B mit dem Flanschensupport erfolgen.

[2]) Da beim Abdrehen der Stahlguß-Kruste der Drehmeißel häufig stumpf wird und ausgewechselt oder nachgeschliffen werden muß, dürfte noch ein entsprechender Zuschlag zu machen sein.

gebung[1]) das Drehen außen auf die Ansätze DD_1 und den Bund F beschränkt werden.

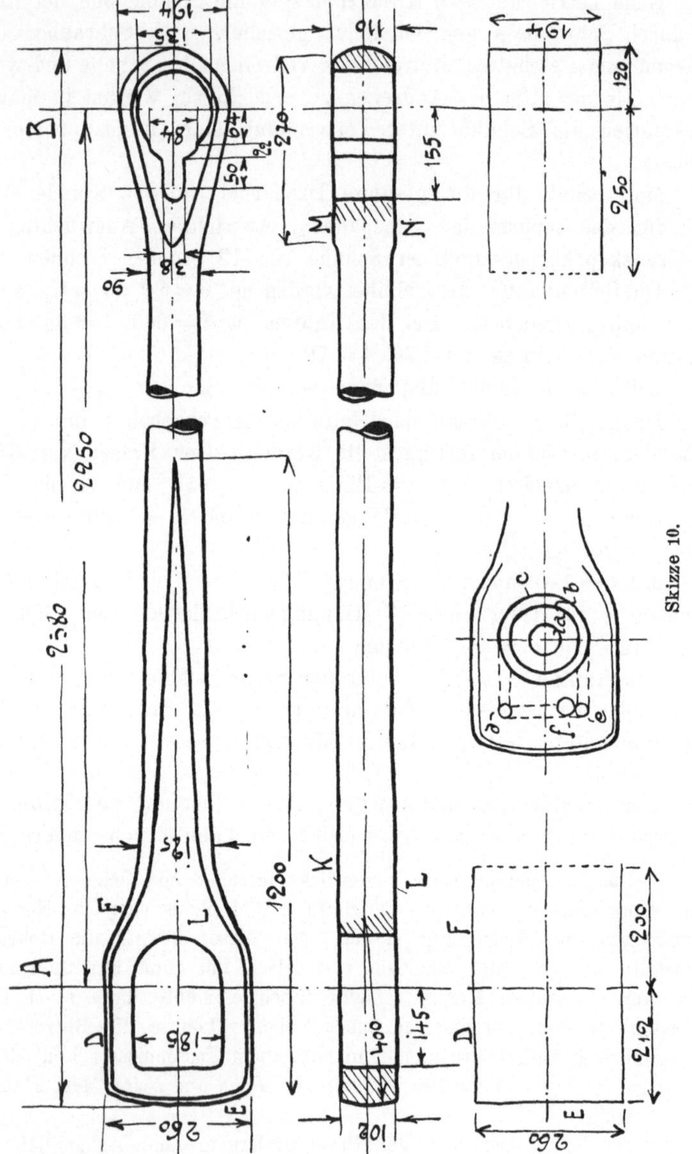

Skizze 10.

[1]) „Hütte", 18. Auflage, Fig. 480, oder „Skizzieren von Maschinenteilen in Perspektive". Sk. 43.

Schubstange. Skizze 10.

(Siemens-Martin-Stahl. Rohgewicht 309 kg.)

Die Zugabe für die Bearbeitung beträgt ungefähr 10 mm.

Die beiden Köpfe A und B sollen mit 2 Schnitten bei $c = 80$ und $s = 0{,}8$ vorgedreht und mit $c = 80$ und $s = 0{,}3$ fertiggedreht werden. Der konische Schaft erhalte zwei Schnitte mit $c = 80$, $s = 0{,}8$ und $c = 80$, $s = 0{,}3$. Die Abrundungen werden von Hand gedreht, was durch reichlichen Zuschlag zu berücksichtigen ist. Durch Fassonstähle oder Schablonendreherei könnte daher Zeit gespart werden.

Das Hobeln erfolge in 2 Schnitten mit $c = 80$ und $s = 1$, das Stoßen ebenfalls in 2 Schnitten mit $c = 50$ und $s = 0{,}4$.

Das Lochbohren soll mit einer Maschine vorgenommen werden, deren Zeitverbrauch etwas größer ist, als Fig. 2 angibt.

Beim Ausbohren sei beim 1. Schnitt, wo die Spanbreite ziemlich groß ist, $c = 40$ und $s = 0{,}1$, beim 2. Schnitt $c = 40$ und $s = 0{,}4$. — Auf Spezial-Maschinen können beide Köpfe gleichzeitig ausgebohrt und an den Seiten plangedreht werden. (Im Lokomotivbau werden die Stangen nicht gedreht, sondern gehobelt oder gefräst, vielleicht unter Verwendung einer Vertikalfräsmaschine mit Kopier-Vorrichtung.)

	Einspannen, Umspannen usw. Stunden	Bearbeiten. Stunden
1. Einspannen, Kopf A vordrehen	1	—
(Für D, E und F ist näherungsweise die aus Sk. 10 ersichtliche Form angenommen. Bei E und F erfolgt die Schaltung zum größten Teil von Hand.)		
$a = 260$, $c = 80$, $s = 0{,}8$, $i = 212 + 200 + 130$.		
2 Schnitte: 2 . 1,8 = ...	—	3,6
Zuschlag	—	1,5
2. Umspannen, Kopf B vordrehen	0,5	—
$a = 194$, $c = 80$, $s = 0{,}8$, $i = 120 + 250 + 97$.		
2 Schnitte: 2 . 1,2 = ...	—	2,4
Zuschlag 50 v. H.	—	1,2
3. Reitstock verstellen, konischen Schaft vordrehen und fertigdrehen	0,5	—
$a = 125$, $c = 80$, $s = 0{,}8$ bezw. $0{,}3$, $i = 1800$.		
1. Schnitt	—	3
2. Schnitt $^8/_3$ mal so lang	—	8
zu übertragen:	2 +	19,7

Übertrag:	2	19,7
4. Reitstock einstellen, Kopf *A* und Kopf *B* fertigdrehen, Zeitbedarf ungefähr $^8/_3$ vom Vordrehen, also $^8/_3$ (1,8 + 1,2)	0,5	8
Reichlicher Zuschlag für das Fertigdrehen der Rundungen mit Handdrehstahl, 50 v. H.	—	4
5. Ganze Stange schlichten	—	2,5
6. Schubstange zur Hobelmaschine bringen, aufspannen	1	—
Fläche *K* hobeln. ($a = 1250$,[1]) $c = 80$, $s = 1$, $m = {}^1/_2$, $i = 260$). 2 Schnitte	—	3,2
Fläche *M* hobeln. ($a = 320$, $c = 80$, $s = 1$, $m = {}^1/_2$, $i = 190$). 2 Schnitte . .	—	0,6
Umspannen usw.	0,5	—
Fläche *L*	—	3,2
Fläche *N*	—	0,6
7. Kopf *A* bohren:[2])		
Loch *a*, 45 mm Durchmesser, mit Spiralbohrer	—	0,25
Loch *b*, 100 mm Durchmesser, mit Spindel und Messer, $c = 40$, $s = 0,1$	—	2,5
Loch *c*, 185 mm Durchmesser:		
$c = 40$, $s = 0,1$: 1. Schnitt	—	4
$c = 40$, $s = 0,4$: 2. Schnitt	—	1
Loch *d* und *e*, 30 mm Durchmesser (Spiralbohrer)	—	0,4
Loch *f*, 40 mm Durchmesser[3])	—	0,25
Für Einspannen, Einstellen der Werkzeuge usw.	2	—
zu übertragen:	6 +	50,2

[1]) Bedient der Hobler, wie es meist der Fall ist, mehrere Maschinen, so wird er vermutlich den Hub sofort auf 1250 einstellen. Durch eine kleine Änderung der Abmessungen könnte die Hobellänge wesentlich verkürzt werden.

[2]) Die Bearbeitung könnte auch folgendermaßen vorgenommen werden: Auf 60 mm vorbohren und mit Spindel und schmalem Messer das Material zwischen den Kreisen *b* und *c* herausschneiden. (Durchmesser von $b \sim 168$, von $c \sim 183$.)

[3]) Die von den Bohrungen *d* und *e* gebildeten Abrundungen sind zu

Übertrag:	6	50,2
8. Kopf B bohren:		
Loch a, b und c ungefähr wie bei Kopf A .	—	7,75
Mit Spiralbohrer ein Loch von 38 mm Durchmesser	—	0,25
Für Einspannen usw.	2	—
9. Kopf A ausstoßen:		
$a = 150$, $c = 50$, $s = 0{,}4$, $m = 1$, $i = 185 + 135 + 135 \sim 460$. 2 Schnitte	—	4
Für Einspannen, Ausstoßen der Ecken usw.	2	—
10. Kopf B ausstoßen:		
$a = 150$, i ungefähr $2 . 80$	—	1,5
Für Einspannen, Bearbeiten der Ecken usw.	2	—
Zusammen	12 +	63,7

Zu diesen $\sim$ 75—80 Stunden kommen noch $2^1/_2$ Stunden für das Anreißen.

Exzenterstange. Skizze 11.

Beim Drehen von A sei $c = 150$, $s = 0{,}3$; beim Bearbeiten der Flächen S werde von Hand geschaltet ($s = 0{,}1$) und c auf 100 verringert, da ein vorsichtiges Drehen dieser schwachen Augen geboten erscheint.

Die Löcher R werden vorgebohrt und dann in der gleichen Weise wie S gedreht. Zum Bohren von M, R usw. diene eine ältere Bohrmaschine, die mit $c \sim 70$ und $s = 0{,}05$ arbeitet.

Beim Vertikal-Stoßen sei $c = 50$, $s = 0{,}3$ und beim Hobeln $c = 100$, $s = 0{,}5$, bei Handsteuerung vielleicht $s = 0{,}2$.

Es werde angenommen, daß es sich um eine einzelne Stange von dieser Form handelt, daß die Schmiede daher über keine passenden Gesenke, auch über keine Schablone verfügt und die Bearbeitungszugaben folglich so reichlich sein müssen, daß mindestens 3 Schnitte erforderlich sind.

---

klein für den Stahl. Dieser muß bei f eingeführt werden. Ebenso muß, um den Stahl bei d und e wenden zu können, vorerst eine Erweiterung ausgestoßen werden. Die Bearbeitung könnte rascher erfolgen, wenn die Abrundungen bei d und e vielleicht 25 mm Halbmesser hätten.

		Bearbeitungs-zeit	
1.	Aufspannen, Fläche *A* und Zapfen drehen.		
	3 Schnitte	1,2	Stunden.
2.	Aufspannen, *B* hobeln.		
	3 Schnitte ($m = {}^1/_2$).	3,3	„
	Zuschlag für die mit Handsteuerung zu stoßenden Kurven	1	„
3.	Loch *M* in das voll geschmiedete Gabelende bohren	0,8	„
4.	*G* rundstoßen	1,5	„
	und 2 Nuten *O* stoßen (2 . 3 Schnitte, $m = 1$). . .	3	„
5.	Löcher *R* bohren (auf 35 mm Durchmesser)	0,4	„
6.	Auf Planscheibe spannen, *S* und *R* drehen.[1])		
	2 . 3 Schnitte	3,5	„
7.	Fläche *E* hobeln (wie *B*)	4,3	„
8.	Umspannen, *F* hobeln (mit Zuschlag).	2	„
9.	Umspannen, *H* hobeln	2	„
10.	Umspannen, *K*, dann *L* hobeln.	0,6	„
11.	Die beiden Bogen *P* auf der Vertikalstoßmaschine bearbeiten	1,2	„
12.	Zwei Schraubenlöcher *U* bohren	0,5	„
		25,3	Stunden.

Zu diesen 25—26 Stunden kommen noch für Nebenarbeiten (Aufspannen, Umspannen usw.) 1—$1^1/_2$ Stunden und vielleicht $^3/_4$ Stunden für das Anreißen.

Aus diesem Beispiel läßt sich der Zusammenhang zwischen Entwerfen und Herstellen besonders deutlich erkennen. Kleine konstruktive Änderungen würden eine wesentlich andere Bearbeitung bedingen. In Sk. 11 sind einige andere Ausführungen des linken Stangenendes angegeben, darunter auch die vollständig verfehlte Form *c*. Auch das Gabelende könnte anders gestaltet werden.[2]) Vielleicht kann hier darauf hingewiesen werden, daß kleine Gabelaugen mit innen vorspringendem Rand (Sk. 11a) weit mehr Zeit erfordern als solche, die innen glatt sind, und daß ein Gabelende nach Sk. 11b für mechanische Bearbeitung ungeeignet ist. Bei Fläche *H* und *F* könnte das Hobeln durch Drehen ersetzt

---

[1]) Kann eine Horizontalbohrmaschine benutzt werden, so wird man *R* mit Spindel und Messer ausbohren, mit der Reibahle genau auf Maß bringen und *S* ebenfalls mit Spindel und breitem Messer (oder fliegendem Support) bearbeiten. Zeitaufwand $\sim 1^1/_2$ Stunden.

[2]) Z. B. nach Sk. 36, 38 u. 39. „Skizzieren von Maschinenteilen".

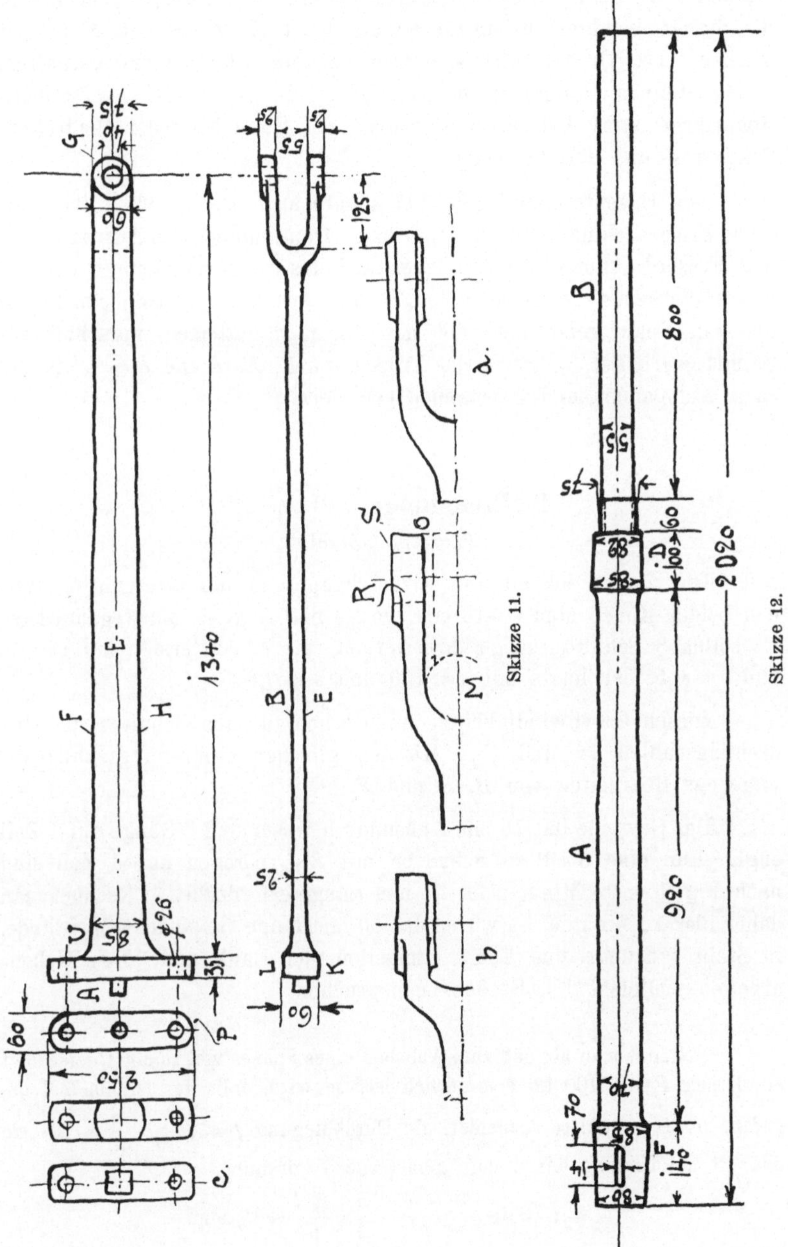

Skizze 11.

Skizze 12.

werden. An Bearbeitungszeit würde dadurch wenig gespart, doch wäre die Stange weniger oft umzuspannen, wenn *A*, *P*, *H* und *F* gedreht werden. Das Drehen wird sich aber bei dieser langen und verhältnismäßig dünnen Stange nicht empfehlen, da sie bei etwas größerer Spanstärke stark federn dürfte, zumal der Stahl bei jeder Umdrehung 2 mal aus- und einschneidet.[1])

Die Exzenterstange (Sk. 11) könnte auch zum größten Teil auf einer Fräsmaschine bearbeitet werden. Dann müssen die Ausrundungen dem Fräserdurchmesser entsprechen und das Gabelende könnte eine für dieses Werkzeug besser geeignete Gestalt erhalten. Wird beim Fräsen nur ein Span genommen und mit einem minutlichen Vorschub von 25 mm gearbeitet, so würde das Fräsen von *B*, *E*, *F* und *H* $\sim$ 4 Stunden samt Aufspannen und Umspannen erfordern.

Kolbenstange. Skizze 12.

(Tiegelguß-Stahl.)

Die Stange kommt roh vorgeschruppt in die Werkstätte. Von den beiden Konen sind 7—10 mm, von *A* und *B* 4—5 mm wegzudrehen. Es sollen 3 Schnitte ausgeführt werden, die beiden ersten mit $c = 50$ und $s = 0{,}5$, der letzte mit $c = 150$ und $s = 0{,}3$.

Diesen Geschwindigkeiten entsprechen für den Schaft *A* die Umdrehungszahlen 15 und 45. Mit den gleichen Umdrehungszahlen erfolge das Bearbeiten von *B*, *D* und *F*.

Das Gewinde hat 75 mm Außendurchmesser und 7 Gänge auf 1 Zoll engl. Für eine 3 zöllige Schraube mit $3^1/_2$ Gängen auf 1 Zoll sind nach Fig. 1 sechs Minuten für 25 mm Länge erforderlich. Rechnet man daher hier 12 Minuten, so würde das 60 mm lange Gewinde $\sim {}^1/_2$ Stunde, in Stahl 1 Stunde und samt Einstellen der Bank und allen Nebenarbeiten vielleicht $1^1/_2$ Stunde beanspruchen.

---

[1]) Nimmt man an, daß zum Abheben eines Spanes von 1 qmm Querschnitt ein Druck *P* von 100 kg erforderlich ist, so wird, falls der Drehmeißel ungefähr in Stangenmitte schneidet, die Durchbiegung $f = \frac{P}{E\,.\,J} \cdot \frac{l^3}{48} \sim 0{,}4$ cm und die am Umfang der Stange gemessene Verdrehung

$$= l \cdot 3{,}6 \cdot \frac{(b^2 + h^2)}{b^3\,.\,h^3} \cdot \frac{h}{2} \cdot \frac{Md}{G} \sim {}^1/_6 \text{ mm}$$

betragen.

	Einspannen, Umspannen usw. Stunden	Bearbeiten. Stunden
1. Schaft *A* drehen (mit Zuschlag für Hohlkehlen): 1. und 2. Schnitt	—	4,4
3. Schnitt	—	1,3
2. Schaft *B* drehen (mit Zuschlag für das Plandrehen der beiden Endflächen):		
1. und 2. Schnitt	—	4,2
3. Schnitt	—	1,1
3. Gewinde schneiden	—	1,5
4. Reitstock verstellen,[1]) Konus *D* drehen (mit Zuschlag für genaue Maßarbeit):		
1. und 2. Schnitt	—	0,5
3. Schnitt	—	0,2
5. Reitstock verstellen, Konus *F* drehen (da Konus *F* 1,4mal so lang ist als Konus *D*, kann schätzungweise die Bearbeitungszeit = 1,4 . 0,7 gerechnet werden)	—	1,0
Nebenarbeiten während des Drehens .	0,5	—
6. Stange am Bohrtisch aufspannen und mit dem Langlochbohrer das Keilloch bohren ($a = 14$, $c = 120$, $s = 0{,}2$, $i = 56$, somit Dauer einer Längsbewegung = 0,025; bei einer Nutentiefe $t = 84$ und einer vertikalen Nachstellung von 1 mm sind 84 Bohrerhübe erforderlich, somit ist die Arbeitszeit = 84 . 0,025)	0,25	2,1
Zusammen	0,75 +	16,3

Zu diesen 17—18 Stunden kommen noch ~ 2 Stunden für Abschmirgeln. Die beiden Konen müssen in den Kreuzkopf und in die Kolbenbohrung eingepaßt bezw. eingeschliffen werden, wofür 5 bis 6 Stunden erforderlich sind. Kurzer Konus mit kräftigem Anzug für den Kolben und zylindrisches Stangenende an der Kreuzkopfseite erleichtern daher Herstellung, Montierung und Demontierung.

Bei Verwendung einer Rundschleifmaschine würde sich die Bearbeitung z. B. des Schaftes *A* ungefähr folgenderweise gestalten:

Der Schaft könnte mit $c = 50$ und $s = 2$ mm in ~ 0,6 Stunden auf ~ 72 mm vorgeschruppt werden.

[1]) Oder Quer-Support einstellen und von Hand schalten (oder mit Konuslineal).

Beträgt beim Schleifen die Umfangsgeschwindigkeit der Kolbenstange 200 mm ($n = 55$) und ist bei jeder Umdrehung ihre Verschiebung gegen die Schleifscheibe 5 mm, so dauert eine Schleifbewegung 0,06 Stunden ($a = 70$, $c = 200$, $s = 5$, $i = 920$).

Werden bei jedem Schliff 0,04 mm weggenommen, so sind $\frac{1}{0,04} = 25$ Schleifbewegungen erforderlich, die Schleifarbeit währt also $25 \,.\, 0,06 = 1^1/_2$ Stunden. Bei Vordrehen und Fertigschleifen wären also — die angegebenen Arbeitsgeschwindigkeiten vorausgesetzt — für den Schaft A 2,1 Stunden erforderlich, bei Schruppen, Fertigdrehen und Schmirgeln ungefähr 6 Stunden. Dabei ist die Genauigkeit beim Schleifen natürlich weit größer.

Dampfzylinder. Skizze 13.

(Rohgewicht des Zylinders 2600 kg, der Laufbüchse 650 kg.)

Die erste Arbeit ist das Abstechen der verlorenen Köpfe. Beim Zylinder erfolge dies auf der Zylinder-Bohrmaschine, bei der Laufbüchse auf einer Drehbank (Büchse einerseits an der Planscheibe befestigt, am anderen Ende durch ein Holzlager gestützt). In beiden Fällen wird, auch mit Rücksicht auf das schmale Messer, die Spanstärke gering sein müssen.

Es soll mit $c = 40$ und $s = 0,25$ gearbeitet werden. Mit der gleichen Geschwindigkeit, aber mit $s = 1$ mm, werde die Laufbüchse außen fertiggedreht (3 Schnitte).

Mit $c = 75$ und $s = 1$ soll der Zylinder innen und an den Flanschen vorgedreht werden, wobei 2 Schnitte, an den Paß-Stellen 3 Schnitte zu nehmen sind. Nun folgt das Einpassen der Büchse in den Zylinder und das Verstemmen der Kupferringe, worauf die Lautbüchse in 3 Schnitten auszubohren und mit Schmirgel auszuschleifen ist und von den Flanschen und der Vorbohrung noch 2 Schlichtspäne zu nehmen sind ($c = 75$, $s = 1$, beim letzten Schnitt 0,5).

Nach dem Anreißen der zu hobelnden Flächen soll das Hobeln mit $c = 80$ und $s = 0,5$ beim Schruppen, $s = 1,5$ beim Schlichten vorgenommen werden.

Nun sind die Bohrungen für die Ventilgehäuse anzureißen und die Sitzflächen zu drehen. Da hier wegen der Gefahr der Kernverschiebung eine große Materialzugabe gemacht wird, sind 3—4 Schnitte mit $c = 40$ und $s = 0,5$ auszuführen. Dabei erhalten die Flächen vor-

S
R
V
30
35
220
450
410
500
175
950
525
70
570
470
60
370
1360
620
510
515
556
450
520
730
550
580

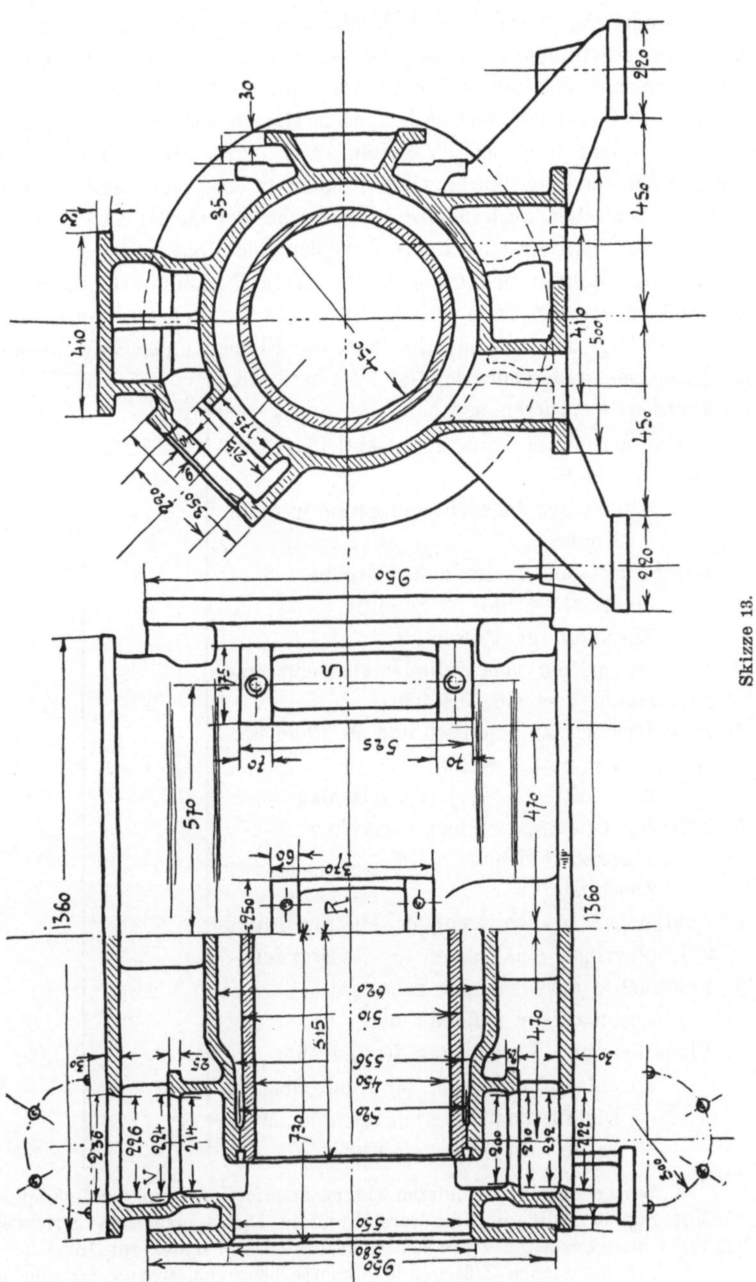

Skizze 13.

erst zylindrische Form;[1]) das Konischdrehen wird mit einem entsprechend geschliffenen Messer bei sehr kleinem Vorschub ($s \sim 0{,}1$) vorgenommen. Bei dieser Arbeit ist häufiges Nachmessen mit einer Schablone erforderlich, und da bei jedem Messen die Bohrstange zurückgezogen werden muß, ist der Zeitaufwand beträchtlich. Da auch das Einschleifen der Ventilkörbe viele Stunden in Anspruch nimmt, werden statt der konischen auch häufig zylindrische Paßflächen ausgeführt.

Die nächste Arbeit ist das Anreißen und Bohren der Schraubenlöcher. Das Bohren erfolgt bei aufgepaßten Deckeln. Die Löcher in den Deckeln werden dann auf den richtigen Durchmesser aufgerieben.

Nun folgt das Gewindeschneiden, das Einziehen der Stiftschrauben, das Ausblasen und Abpressen mit Wasserdruck, das Dichten, Verputzen usw.

	Aufspannen usw. Stunden	Bearbeiten. Stunden
1. Verlorenen Kopf von der Laufbüchse abstechen ($i \sim 60$)	0,5	3
Abschlagen des nicht völlig losgetrennten Kopfes	2	—
2. Laufbüchse beiderseits außen drehen.		
$i \sim 2\,.\,(45 + 85)$. 3 Schnitte, 3 . 3 . .	—	9
Zuschlag für Fasson	—	3
3. Verlorenen Kopf vom Zylinder abstechen und abschlagen ($a = 950$, $i \sim 220$)	2,5	15
4. Zylinderflanschen[2]) seitlich und am Rand vordrehen ($a = 950$, $i \sim 255$):		
2 Schnitte (4 . 2,6) mit Zuschlag . .	—	12
5. Zylinder beiderseits innen vordrehen:		
2 bezw. 3 Schnitte	—	9
Zuschlag für Fasson	—	2
6. Laufbüchse in den Zylinder einpassen und 3 Kupferringe einstemmen ($\sim$ 20 Stunden) .	—	—
7. Laufbüchse ausbohren, 3 Schnitte	2	21
Zuschlag für Gußhaut usw.	—	3
8. Flanschen und Vorbohrung fertigdrehen . .	—	24
Zuschlag für Fasson, für Eindrehen der Dichtungsnuten, Abnehmen der Maße an der Rundführung usw.	—	5

[1]) Manche Fabriken benutzen eigens angefertigte, auf der Bohrspindel befestigte Supporte, die sofort die Herstellung der Dichtungsflächen im richtigen Neigungswinkel gestatten. Ihre Schlittenführung liegt schräg zur Drehachse. —

[2]) Man kann auch 2 fliegende Supporte benutzen, wovon der eine den linken, der andere den rechten Flansch bearbeitet.

9. Ausschleifen des Zylinders mit Schmirgel[1])	—	3
10. Aufspannen auf der Hobelmaschine, Hobeln der oberen Platte und der beiden Längskanten sowie der oberen Kanten an den Flächen *S*, Umspannen, Hobeln der Querkanten an der oberen Platte, Umspannen, Hobeln der unteren Platte und der Füße, Umspannen, Hobeln der 4 Flächen *S* für die Steuerwellenlager und der 2 Flächen *R* für den Regulator samt Kanten:		
Je 2 Schnitte	—	25[2])
4 maliges Einspannen, Anstellen des Werkzeuges usw..	12	—
11. Ausbohren der Sitzflächen für die Ventilgehäuse:		
Bei 1 Fläche dauert 1 Schnitt ∼ 0,3 Std., somit 4 Schnitte an 8 Flächen . . .	—	10
Zuschlag für das Abdrehen von *V* . . .	—	2
Konischdrehen mit Fassonmesser samt Zeitaufwand für Messen usw.	—	16
Einspannen und 4 mal Umspannen . . .	4	—
12. Für das Absperrventil den Flansch abdrehen und die Fläche für den Sitz bearbeiten (samt Nebenarbeit)	—	5

Man erhält ∼ 120 Stunden für das Drehen, ∼ 40 Stunden für das Hobeln und ∼ 40 Stunden für das Ausbohren der Ventilöffnungen.

Dem großen Gewicht entsprechend, erfordert das Aufspannen viel Zeit und die Mitwirkung von Hilfsarbeitern. Durch andere Formgebung und Sondermaschinen strebt man daher an, die ganze Bearbeitung in zwei oder drei Aufspannungen zu vollenden.

Die obere und untere Platte werden dann nicht gehobelt, sondern die vorspringenden Flanschen[3]) der Ventilöffnungen werden abgedreht, vielleicht gleichzeitig mit dem Ausbohren des Zylinders; das Absperr-

---

[1]) Oder Ausschaben mit federndem Stahl, $c = 120$, $s = 4-5$ mm (Breitschlichten). Kleinere Zylinder erhalten ihre Vollendung durch einen fräserartigen Messerkopf oder durch Rundschleifen.

[2]) Falls nur ein Support arbeitet.

[3]) Siehe den Ventilzylinder in der „Hütte", 18. Aufl., Fig. 674.

ventil kommt zwischen die Einlaßventile; die Flächen für die Lagerböcke und den Regulator können gleichfalls auf dem Bohrwerk bearbeitet (gefräst) werden. Auf diese Weise erzielt man größere Genauigkeit und erspart Zeit, doch werden sich die Herstellungskosten nicht im gleichen Maße verringern.

Würde das für die schnellere Bearbeitung erforderliche Bohr- und Fräswerk z. B. 30000 Mk. kosten, müßte zur Deckung der General-Unkosten (ohne Verzinsung und Tilgung der Werkzeugmaschinen) ein Zuschlag von 200 % zum Lohn gemacht werden, und sollen für Verzinsung und Tilgung 8 % gerechnet werden, so würden, bei 0,5 Mk. Stundenlohn und 2500 jährlichen Betriebsstunden, die Selbstkosten (ohne Gewinn) sich ergeben aus:

Lohn	0,5 Mk.
200 % General-Unkosten[1]	1,0 „
Verzinsung und Tilgung der Werkzeugmaschine $= \frac{1}{2500} \cdot \frac{8}{100} \cdot 30000 =$	0,96 „
Zusammen	2,46 Mk.

Bei einer einfacheren Zylinderbohrmaschine von 15000 Mk. würden bei der Selbstkostenberechnung für jede Arbeitsstunde 1,98 Mk. zu nehmen sein, nämlich $0{,}5 + 1 + 0{,}48$.

Dabei ist vorausgesetzt, daß die leistungsfähigere Maschine ebenso stark beschäftigt ist wie die billigere, und nicht berücksichtigt, daß die mehrspindelige Maschine den Dreher voll in Anspruch nimmt, während er neben der einspindeligen noch eine zweite Bank bedienen kann.

Ebenso ist außer acht gelassen, daß der geringere Zeitaufwand für das Umspannen eine Ersparung an Hilfsarbeiterlohn bedingt.

Muschelschieber aus Metall. Skizze 14.

Die Bearbeitung der Flächen *A—G* finde auf einer Horizontalstoßmaschine (Shapingmaschine) statt, die Kante *H* werde auf der Vertikalstoßmaschine bearbeitet.

---

[1]) Verzinsung und Abschreibung der gesamten Anlage, der Betriebs- und Transportmaschinen, der Werkzeuge usw. mit Ausnahme der Werkzeugmaschinen, Auslagen für Betriebskraft, Reparaturen, Werkzeugmacherei, Heizung, Beleuchtung, Putz- und Schmiermaterial, für Gehalt der Beamten und Meister, für Lohn der Hilfsarbeiter, Wächter, Diener, für Steuern, Versicherung, Geschäftsreisen, Reklame, Porto, für Schreib- und Zeichenpapier, Lichtpausen usw.

Bei der ersten Maschine sei c im Mittel = 250 mm, $s = 0{,}25$, $m = {}^1/_2$ und a um ungefähr 50 mm länger als die zu bestoßende Fläche; bei der zweiten Maschine sei c im Mittel = 150, $s = 1$ mm, $m = 1$ und $a = 70$.

Die Flächen B—G erhalten 3 Schnitte, nur bei der Kante H und bei der Grundfläche A, die später noch geschabt wird, soll ein Schruppspan und ein sehr feiner Schlichtspan genommen werden. In den

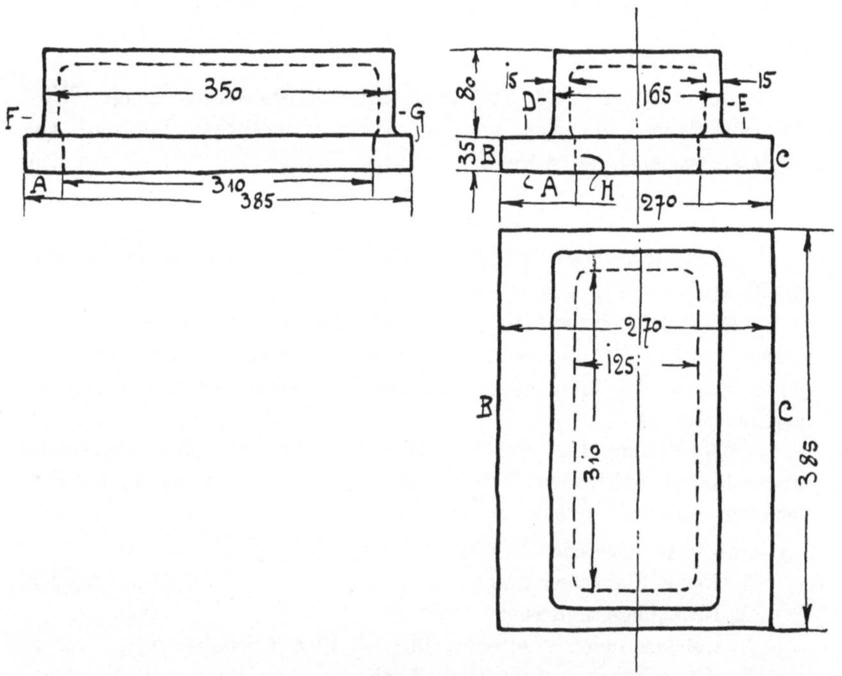

Skizze 14.

Hohlkehlen findet der Vorschub von Hand statt, was durch einen entsprechenden Zuschlag zu berücksichtigen ist.

	Bearbeitungszeit	
1. Einspannen, Grundfläche A, Kanten B und C hobeln. $a = 430$, i bei den ersten zwei Schnitten $= 35 + + 270 + 35 = 340$, beim 3. Schnitt $= 70$ (Tafel I, $s = 2{,}5$, Maßstab *II*):	2	Stunden.
2. Umspannen und Seitenflächen D, E hobeln: $3 \,.\, 0{,}7 =$ ($a = 430$, $i = 80 + 80 + 270 - 165 = 265$.)	2,1	„

3. Umspannen, F und G bearbeiten. ($a = 320$, $i = 265$).
   3 . 0,6 = ... 1,8 Stunden
4. Umspannen, innere Kante H stoßen. ($a = 70$, $i = 250 +$ $+ 620 = 870$) . . . . 2 . 0,25 = ... 0,5 „

Zusammen 6,4 Stunden.

Für Aufspannen, Umspannen usw. . . . . 0,5 „

Gesamter Zeitaufwand ∼ 7 Stunden. Für das Aufpassen (Schaben, Auftuschieren) können 8—10 Stunden gerechnet werden.

In manchen Werkstätten findet vorher ein Planschleifen der Gleitfläche statt.

Der Schieber würde sich auch sehr für Fräsarbeit eignen. Wird nur ein Span genommen und mit einem minutlichen Vorschub von 50 mm gerechnet, so wäre der gesamte Zeitaufwand $2^1/_2$—3 Stunden.

Ventil. Skizze 15.

Bei Bearbeitung der Gußeisenteile sei $c \sim 100$ mm und $s = 0,5$ mm, bei Rotguß $c \sim 240$ und $s = 0,3$.

Mit Rücksicht auf die geringe Bearbeitungszugabe und den sauberen Guß soll im allgemeinen ein Schnitt genommen werden, nur bei jenen Teilen, die ineinanderpassen müssen, erhält der eine Teil einen zweiten Schnitt.

Alle Zeitangaben sind um 2—6 Minuten nach oben abgerundet und schließen daher den Zeitverbrauch für die Nebenarbeiten, für Einspannen, Umspannen usw. in sich.[1])

a) Gehäuse (Gewicht 24,5 kg):
   1. Beide Flanschen drehen . . . . 0,5 Stunden.
   2. Deckelflansch drehen . . . . 0,25 „
   3. Gehäuse innen ausdrehen, für den Sitz 2 Schnitte 0,3 „
   4. Seitenflanschen bohren (8 Löcher) . . . . . 0,15 „

b) Deckel (Gewicht 7,5 kg):
   1. Untere Deckelseite drehen, an der Paß-Stelle 2 Schnitte . . . . 0,3 „
   2. Stopfbüchsenloch drehen, mit Fassonmesser (Vorschub von Hand) . . . . 0,15 „
   3. Spindelgewinde schneiden . . . . 0,1 „
   4. 4 Schraubenlöcher durch Deckel und Gehäuse bohren 0,2 „

---

[1]) Die Arbeiten *a*, *b*, *c* usw. werden natürlich nicht nacheinander auf derselben Bank ausgeführt, sondern jeder Teil wird von einem anderen Arbeiter auf einer anderen Bank hergestellt.

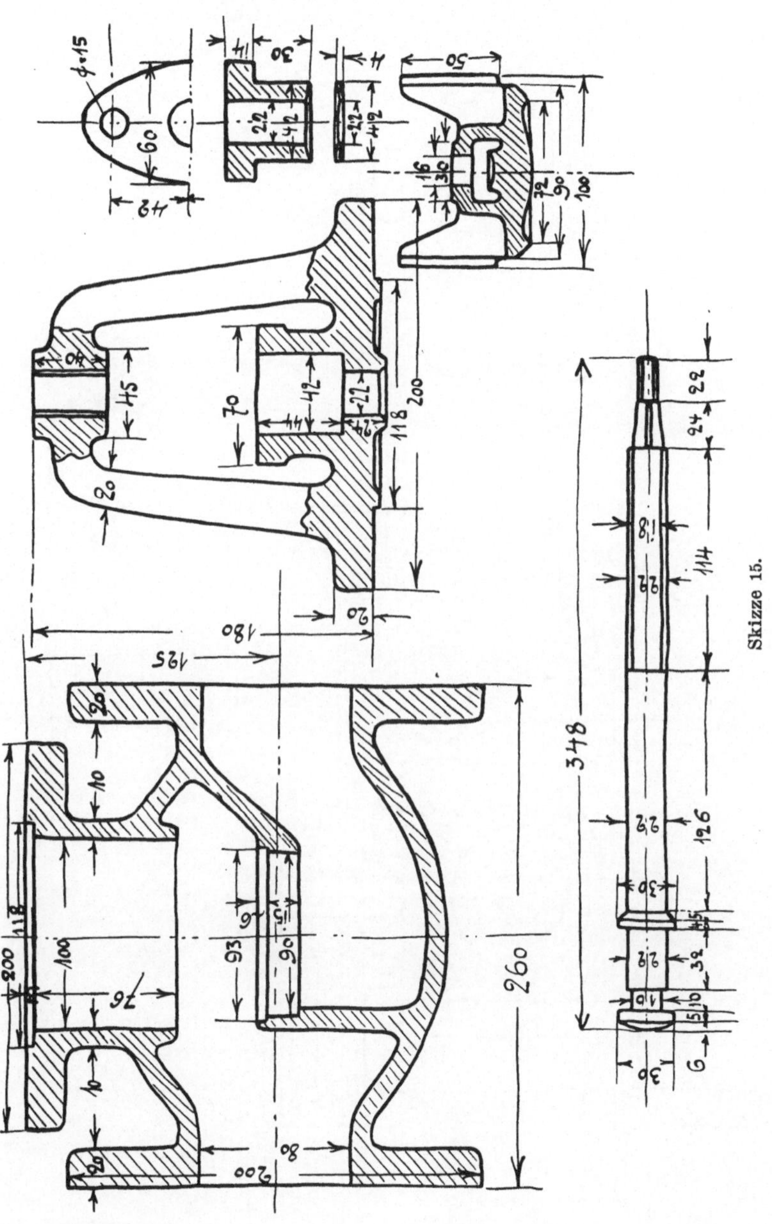

Skizze 15.

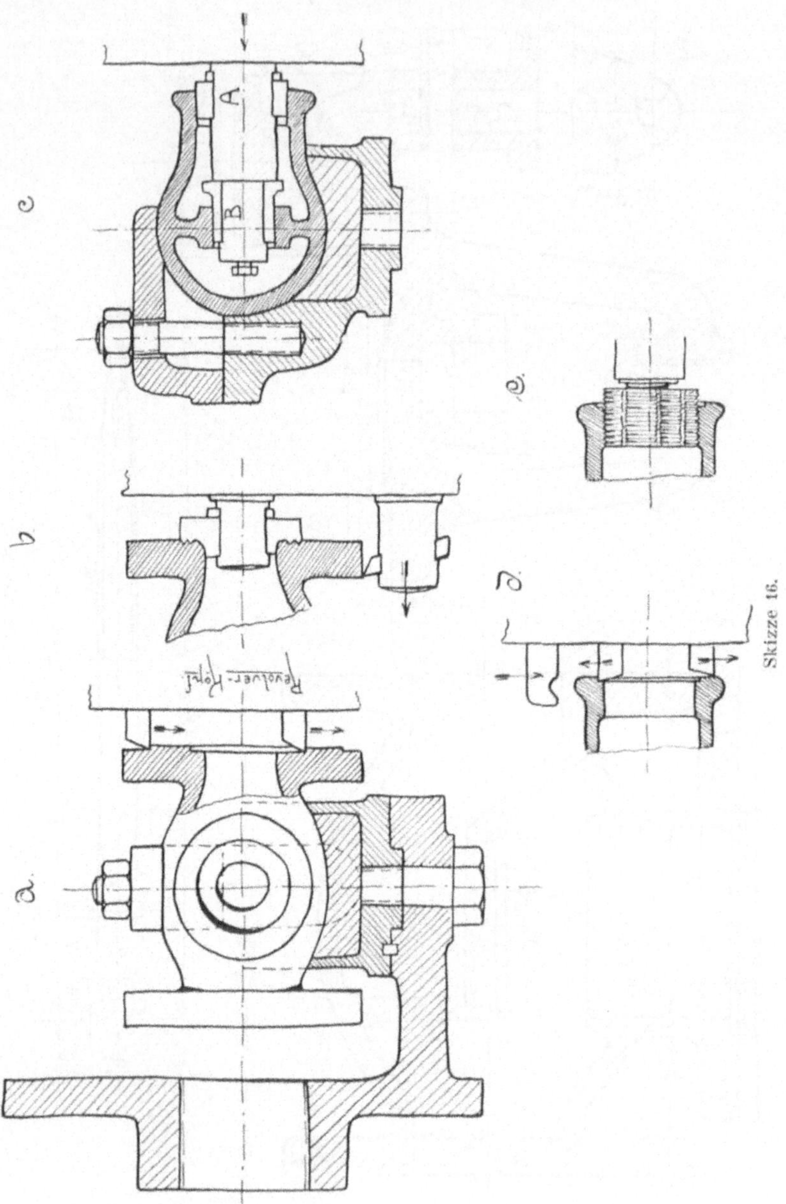

Skizze 16.

c) Ventilkegel (Rotguß, Gewicht 1,3 kg).
Zeitaufwand geschätzt mit . . . . 0,5 Stunden

d) Ventilsitz (Rotguß, Gewicht 0,5 kg) . . . . . 0,15 „

e) Spindel[1]) (Rotguß, Gewicht 1,4 kg):
1. Drehen und Gewindeschneiden . . . } geschätzt mit 0,7 Stunden.
2. Vierkant fräsen, 2 Seiten gleichzeitig }

f) Stopfbüchse (Rotguß, Gewicht 0,6 kg):
Drehen, ausbohren und 2 Schraubenlöcher bohren . 0,2 „

g) Grundring drehen, bezw. vom Rohr abstechen . . 0,05 „

Zusammen $3^1/_2$ Stunden.

Für Montage (Schlosserarbeit) kann $^3/_4$—$1^1/_2$ Stunden gerechnet werden.

Zum Vergleich sei angegeben, wie die Bearbeitung eines Ventilgehäuses auf einer Revolverdrehbank, z. B. auf W. v. Pittlers Patent-Revolverdrehbank mit horizontaler Drehachse des Revolverkopfes,[2]) vor sich geht (Sk. 16).

Das Stück ist in einer besonderen Form festgespannt. Es sind der Reihe nach folgende Arbeiten vorzunehmen:

1. Einspannen.
2. Durch Linksdrehen des Revolverkopfes den Flansch vordrehen (Sk. 16a).
3. Durch weiteres Linksdrehen des Revolverkopfes den Flansch fertigdrehen.
4. Den Flansch außen drehen, gleichzeitig die Dichtungsrillen eindrehen und die Kante abfasen (Sk. 16b).
5. Das Arbeitsstück samt Futter um 180° drehen, wieder festspannen und den zweiten Flansch in gleicher Weise bearbeiten. Ausspannen.
6. Einspannen.
7. A und B vorbohren (Sk. 16c).
8. A und B fertigbohren.
9. Durch Rechtsdrehen des Kopfes bei A aussparen, durch Linksdrehen oben abdrehen und außen den Wulst drehen (Sk. 16d).
10. Gewinde schneiden (Sk. 16e).
11. Ausspannen.

---

[1]) Die Spindel soll derart gegossen sein, daß nur ein dünner Span zu nehmen ist. Die Spindeln werden auch vielfach von der Stange gedreht; ihre Form ist dann entsprechend zu wählen.

[2]) Gebaut von der Leipziger Werkzeugmaschinenfabrik, Leipzig-Wahren.

Hahn. Skizze 17.

(**Material:** Guß-Eisen. Gewicht des Gehäuses 13 kg, des Kegels 4 kg.)

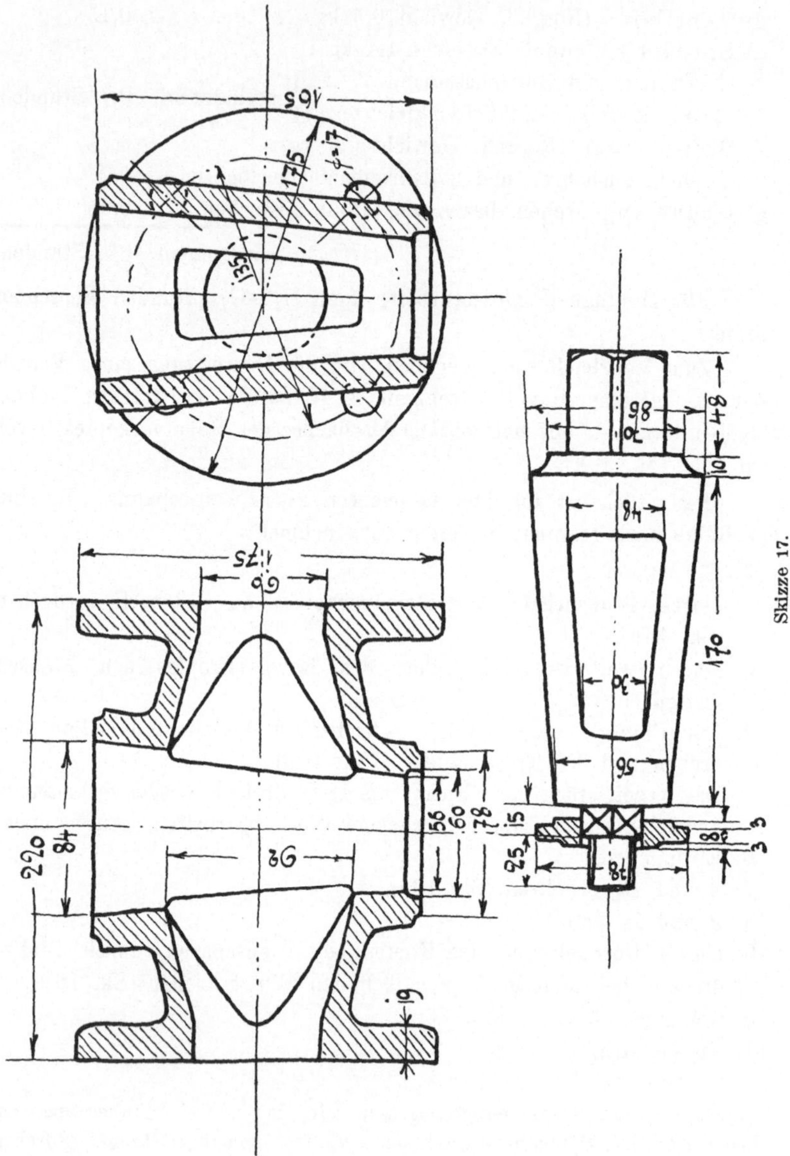

Skizze 17.

Das Drehen erfolgt mit ∼ 100 mm Schnittgeschwindigkeit und 0,5 mm Vorschub. Bei den Flanschen, wo die Bearbeitungszugabe sehr gering ist, wird meist ein Schnitt genügen, von der Bohrung und vom Kegel soll ein zweiter Schnitt mit $c = 250$ genommen werden. Bei der Bohrung kann an Stelle dieses zweiten Schnittes ein Aufreiben mit der Konusreibahle treten.

	Einspannen usw. Minuten	Bearbeiten Minuten
1. Flanschen an der Fläche und am Rand drehen	6	22
2. Gehäuse oben und unten abdrehen und in 2 Schnitten konisch ausdrehen	6	24
3. Flanschen bohren	2	5
4. Hahnkegel drehen (2 Schnitte vom Konus) .	2	25
5. Oberes und unteres Vierkant fräsen[1]) (Vorschub ∼ 25 mm in 1 Minute)	2	6
6. Scheibe drehen (vom Rohr abstechen) . . .	1	3
Zusammen	19 +	85

Samt Montierung (Schlosserarbeit) dürften zwei und eine halbe Stunde zu rechnen sein. —

Dynamo-Anker. Skizze 18.

(Material: Guß-Eisen. Rohgewicht der Ankerbüchse 51 kg.)

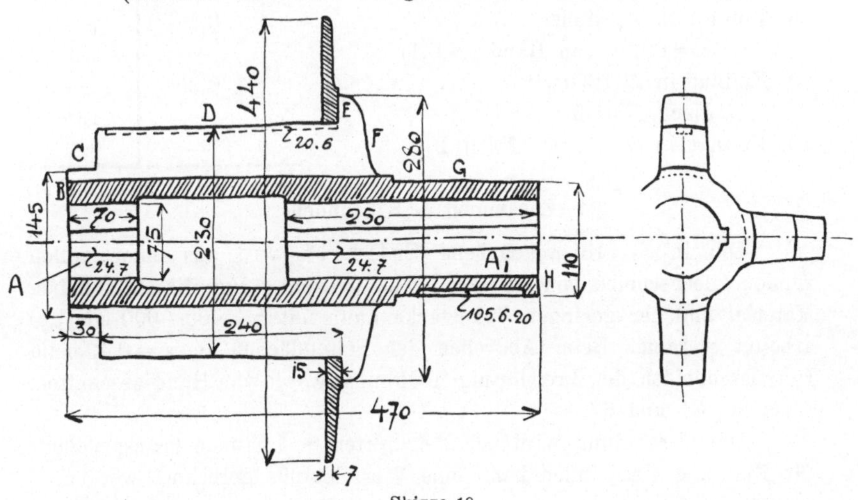

Skizze 18.

1) Auf einer Parallelfräsmaschine oder Doppelfräsmaschine, wie sie zum Fräsen von Schraubenköpfen dient. In beiden Fällen werden gleichzeitig 2 Flächen bearbeitet, doch ist bei den letztgenannten Maschinen ein größerer Weg in der Schaltrichtung zurückzulegen, da die Fräs-Scheibe über die Arbeitsfläche hinaus laufen muß.

Die Bearbeitung erfolge auf einer Drehbank, die für das vorliegende Werkstück mit $n = 13$, 20, 31 und 67 laufen kann.

Es sollen im allgemeinen 2 gleiche Schnitte mit $c = 140$—180 mm und $s = 0{,}5$ genommen werden; nur bei der Bohrung seien 3 Schnitte auszuführen, wobei, da für $n = 31$ die Schnittgeschwindigkeit nur ~ 120 mm wäre, mit $n = 67$ und $c \sim 260$, aber geringerer Spantiefe gearbeitet werden soll.

Bei den kleinen Flächen B, C, E und H, sowie beim Kurventeil F werde von Hand geschaltet ($s \sim 0{,}3$).

	Aufspannen usw. Stunden	Bearbeiten Stunden
1. Aufspannen, Ausdrehen von A	0,4	—
3 Schnitte	—	0,15
2. B und C	—	0,6
3. D	—	1,1
4. E und F	—	1,2
5. Umspannen, Ausdrehen von A_1	0,4	0,4
6. G und H	—	0,5
7. Keilnut in A stoßen	0,6	—
$c = 60$, s von Hand ($\sim 0{,}1$)	—	0,1
8. Keilnut in A_1 stoßen	0,4	—
$c = 60$, s von Hand ($\sim 0{,}1$)	—	0,3
9. Keilnut in D fräsen[1])	0,25	—
Nach Fig. 3	—	1,0
10. Keilnut in G fräsen. Nach Fig. 3 . . .	—	0,4
	2,05 +	5,85

Zusammen ~ 8 Stunden.

Die in Sk. 18 angegebene Endscheibe wird aus einer vollen runden Blechscheibe von 20 mm Dicke gedreht. Bei diesem weichen Material und der geringen Spanstärke kann mit $c = 400$—600 mm gearbeitet werden. Beim Abdrehen der Seitenflächen sei $s = 0{,}4$, beim Herausschneiden der kreisförmigen Öffnung werde von Hand geschaltet; n sei 20, 31 und 67. —

Die Herstellung wird bei 2 Schnitten ~ 1 Stunde beanspruchen; für Ein- und Umspannen kann eine Viertelstunde gerechnet werden.

[1]) Wo die Konstruktion es zuläßt, wird man statt des Langlochbohrers den rascher arbeitenden scheibenförmigen Nutenfräser verwenden. Auch gibt es bohrerartige Nutenfräser, die sofort auf die volle Tiefe einschneiden und die Nut mit einer Längsbewegung vollenden.

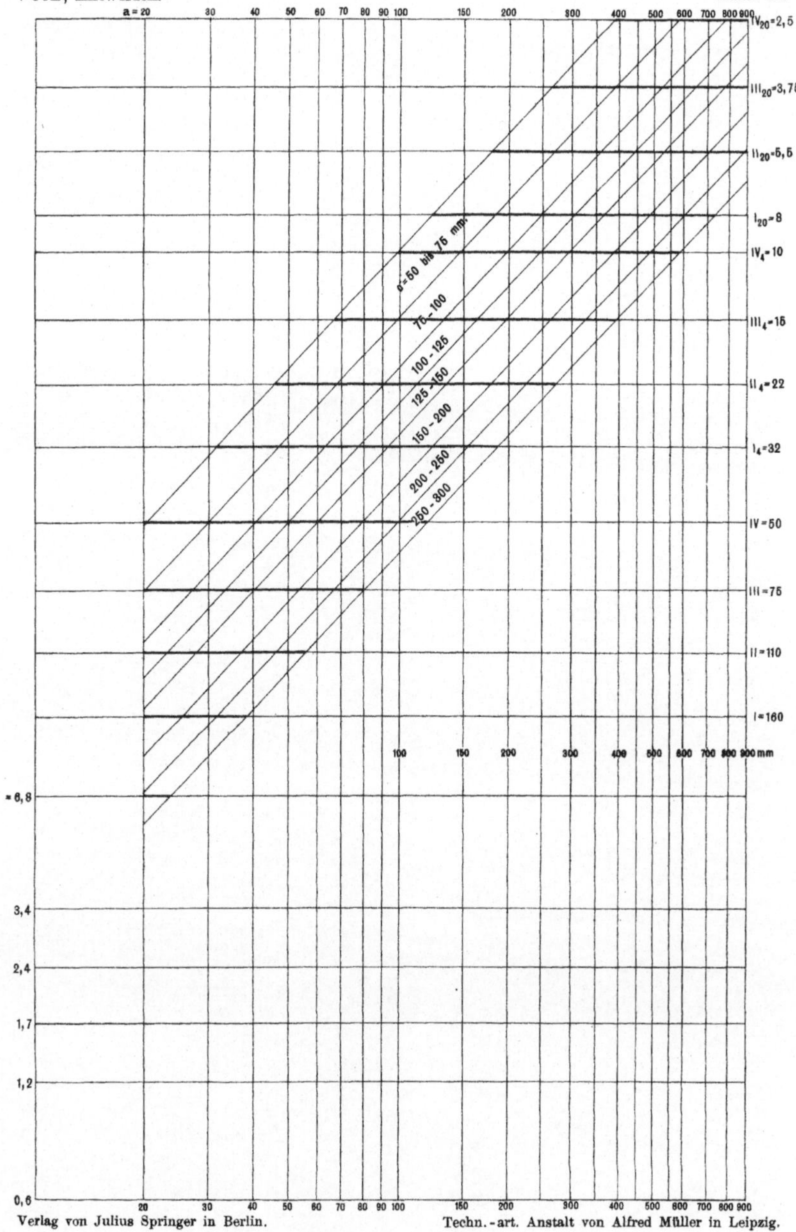

Verlag von Julius Springer in Berlin. Techn.-art. Anstalt von Alfred Müller in Leipzig.

Hilfsbuch für Dampfmaschinen-Techniker. Herausgegeben von Josef Hrabák, Oberbergrat und Professor an der k. k. Bergakademie in Přibram. Vierte, bedeutend erweiterte Auflage. In drei Teilen. Mit Textfiguren. Unter der Presse.

Theorie und Berechnung der Heifsdampfmaschinen. Mit einem Anhange über die Zweizylinder-Kondensations-Maschinen mit hohem Dampfdruck. Von Joseph Hrabák, k. und k. Hofrat, emer. Professor an der k. k. Bergakademie zu Přibram. In Leinwand gebunden Preis M. 7,—.

Entwerfen und Berechnen der Dampfmaschinen. Ein Lehr- und Handbuch für Studierende und angehende Konstrukteure. Von Heinrich Dubbel. Mit 388 Textfiguren. In Leinwand gebunden Preis M. 10,—.

Die Steuerungen der Dampfmaschinen. Von Karl Leist, Professor an der Kgl. Technischen Hochschule zu Berlin. Zweite, sehr vermehrte und umgearbeitete Auflage, zugleich als fünfte Auflage des gleichnamigen Werkes von Emil Blaha. Mit 553 Textfiguren. In Leinwand gebunden Preis M. 20,—.

Die Dampfkessel. Ein Lehr- und Handbuch für Studierende Technischer Hochschulen, Schüler Höherer Maschinenbauschulen und Techniken, sowie für Ingenieure und Techniker. Von F. Tetzner, Oberlehrer an den Königl. vereinigten Maschinenbauschulen zu Dortmund. Mit 95 Textfiguren und 34 lithographierten Tafeln. In Leinwand gebunden Preis M. 8,—.

Der Dampfkessel-Betrieb. Allgemeinverständlich dargestellt. Von E. Schlippe, Königl. Gewerberat zu Dresden. Dritte, verbesserte und vermehrte Auflage. Mit zahlreichen Textfiguren. In Leinwand gebunden Preis M. 5,—.

Generator, Kraftgas- und Dampfkessel-Betrieb in bezug auf Wärmeerzeugung und Wärmeverwendung. Eine Darstellung der Vorgänge, der Untersuchungs- und Kontrollmethoden bei der Umformung von Brennstoffen für den Generator, Kraftgas- und Dampfkessel-Betrieb. Von Paul Fuchs, Ingenieur. Zweite Auflage von: „Die Kontrolle des Dampfkesselbetriebes“. Mit 42 Textfiguren. In Leinwand gebunden Preis M. 5,—.

Zu beziehen durch jede Buchhandlung.

Kurzes Lehrbuch der Elektrotechnik. Von Adolf Thomälen, Elektroingenieur. Mit 277 Textfiguren. In Leinwand gebunden Preis M. 12,—.

Kurzer Leitfaden der Elektrotechnik für Unterricht und Praxis in allgemeinverständlicher Darstellung. Von Rudolf Krause, Ingenieur. Mit 180 Textfiguren. In Leinwand gebunden Preis M. 4,—.

Hilfsbuch für die Elektrotechnik. Von C. Grawinkel und K. Strecker. Unter Mitwirkung von Borchers, Eulenberg, Fink, Pirani, Seyffert, Stockmeier und H. Strecker bearbeitet und herausgegeben von Dr. K. Strecker, Geh. Postrat, Professor und Dozent a. d. Technischen Hochschule zu Berlin. Siebente, vermehrte und verbesserte Auflage. Mit zahlreichen Textfiguren. Unter der Presse.

Elektromechanische Konstruktionselemente. Skizzen, herausgegeben von Dr. G. Klingenberg, Professor und Dozent an der Kgl. Technischen Hochschule zu Berlin. Erscheint in Lieferungen zum Preise von je M. 2,40. Bisher sind erschienen: Lieferung 1, 2, 3, 4 (Apparate) und 6, 7 (Maschinen). Jede Lieferung enthält 10 Blatt Skizzen in Folio.

Dynamomaschinen für Gleich- und Wechselstrom. Von Gisbert Kapp. Vierte, vermehrte und verbesserte Auflage. Mit 255 Textfiguren. In Leinwand gebunden Preis M. 12,—.

Transformatoren für Wechsel- und Drehstrom. Eine Darstellung ihrer Theorie, Konstruktion und Anwendung. Von Gisbert Kapp. Zweite, vermehrte und verbesserte Auflage. Mit 165 Textfiguren. In Leinwand gebunden Preis M. 8,—.

Elektromechanische Konstruktionen. Eine Sammlung von Konstruktionsbeispielen und Berechnungen von Maschinen und Apparaten für Starkstrom. Zusammengestellt und erläutert von Gisbert Kapp. Zweite, verbesserte und erweiterte Auflage. Mit 36 Tafeln und 114 Textfiguren. In Leinwand gebunden Preis M. 20,—.